曹頔，熟悉她的人都叫她Didi，哥伦比亚大学社会工作硕士。

和丈夫共同创办了上市公司“北鼎”后，转型成为社会公益专业人士。

曾出版随笔散文集《像世界一样宽广地活》。

妈妈要回去做少女了

曹頔 著

SPM
南方出版传媒
广东经济出版社
·广州·

和Didi认识，始于商业合作，她非常专业，令人如沐春风；渐渐熟悉起来，是从她的微博，看她的生活、读她的文字，会自然而然喜欢她的真实与认真；真正变成朋友，则是通过许多次交谈，关于婚姻、关于理想、关于自我要求与自我实现，让我感慨于她的清醒与赤子心。这一过程，让我恰好见证了，一个女人如何在事业、生活与自我三个方面同时进取，并令它们相互融和、彼此成就、愈发圆满。她是一个值得你去倾听的女人——她是妈妈，是企业家，是热烈生活者。读她这一本自述式的感悟与心得，你一定会有收获。

王欣（反裤衩阵地）　作家

我曾经天真而笃定，
如今我更有智慧却充满疑惑。
我无法再回到童年，
我也感觉到自己的改变。
更加强大，却仍不自由。
但我们必须相信，
那些阳光灿烂的日子，
终有一天将回到身边。

Days in the Sun

——《阳光下的日子》

特别感谢

本书的封面插画来自2020年自闭症“蓝色行动”创益作品，内页插画由六名精智障碍者创作，感谢壹基金和WABC无障碍艺途的支持。

推荐序

尹约

无论从哪个角度衡量，女友Didi都绝对拥有一份无懈可击的人生履历。

大方得体，内外兼修，出片养眼，文字怡心。

轻轻松松一路名校，婚后与学霸先生一起成功创业。

最令众人击节赞叹的莫过于，她在而立之年带着妈妈和两个娃奔赴纽约，一边在联合国实习，一边持家带娃，一边攻读哥伦比亚大学的硕士学位。

任意一小段人生都值得大书特书。

其实算来只与Didi在聚会上见过一面，而后这些年都是网友般通过文字神交。

初识时即刻为她笃定而温柔的能量场所吸引。她大可以仰仗她出众的经历与资本，活成锋芒毕露的A型人格（Type A Personality）。但Didi眉梢眼角云淡风轻，举手投足状态松弛。

她很难被单一标签概括。因为她就是她自己，不会过分文艺，也决不过度世俗。自成体系，自有底气。

她也不愿用标签去刻板印象化任何人和事，字里行间保留了简中网络初代用户的特质。那是由博客时代延绵而来的娓娓道来的自得笔触，立意从不刻意耸动，姿态决不傲慢说教，落笔依然用字考究。文如其人自然妥帖，不被时兴的热词过分沾染，亦不被蜂拥的情绪轻易裹挟。

在网友人均晕字、KOL（关键意见领袖）从标题到配图纷纷诉诸“抓马”的今时今日，不为风口与潮流所绑架，不被千人一面的扁平语境束缚，以强大内心安守住真实的自己，已是多么珍稀。

可也不要就此以为这本书只是由一些舒服的字脚组成。Didi的文风的确从不攻城略池，但是闪闪发光的字句也从不曾在她笔下缺席。

她只是像在生活中一样，轻盈地把握着分寸，从容不迫地与读者分享她的真知灼见。

读Didi的这本新书，其间单曲循环宇多田光一年多前第二次翻唱的《少年时代》。

在流行文化中，青春一向是值得歌颂的永恒命题。或生动热烈，或遗憾怅惘，短短数年值得用无数作品描绘，常写常新。

至于三十岁之后的柴米油盐一地鸡毛，相较之下好像缺乏浪漫因子，疲惫不堪不值一提。

只是，内里仍然有个声音，驱动着三十多岁的我们去直面感受，去勇敢接受，而后寻找属于自己的路径尽情表达。

灵魂境界与生理年龄从不正相关。正如歌中所唱，“我的心是夏天模样”。

——我们这些中年人和你们想象中的也不完全一样呢。

所以宇多田光在三十六岁时再次唱起二十岁时的选曲。所以Didi写下这本新书。

伴着如此歌声，读着如此文字，同样是三十多岁的年纪，同样是家中独女，同样是人到中年依然坚持以文艺创作为出口的少数派，自然不时会心一笑。

是啊，清醒地度过中年，需要何等勇气。毕竟对于独生子女一代，社会期望已是无比高涨。

而这个年代有酒精有娱乐有消费主义，有此起彼伏的热搜，有眼花缭乱的游戏，有永不熄灭的屏幕，可供喘气，可供发泄，可供沉溺，可供逃离。

被压力与诱惑双向夹击，腹背受敌多时，没有乖乖丢盔弃甲束手就擒已是极大幸事。

既然都是尚未被生活KO（击倒）的超级幸运儿，甚至还有同行者可以共勉，那就继续好好珍惜吧。

怀着感恩与敬畏，怀着日拱一卒的意志，怀着静水深流的耐心。

回敬无穷无尽的生活。

（尹约：著名作词人，代表作《小娟（化名）》《大鱼》《默》；《晓说》《晓松奇谈》主编）

推荐序

祝羽捷

2016年我在伦敦上学，孑然一身，从喧嚣热闹的生活中抽身，把自己抛进一个陌生阴冷的环境，俯伏触地，常常被自己一手造成的困境折磨得不堪，自尊心很强的我只能坐在西区剧院的角落里跟其他观众一起掉眼泪，他们为煽情的剧情哭，我借着剧情为自己而哭。

一天早上醒来，国内应该是下午4点左右，我收到朋友的消息，想让我和一位名叫Didi的女性共同完成一个名为“双城故事”的小项目。我这才知道，远在纽约，有一个跟我一样不甘于平淡、敢于折腾的女人，抛下过往的一切宠辱，重返校园。不破不立，我们都企图抵达一个更广阔的世界。我点开她的照片，眼前像划过一条闪光的弧线，那是一个有着明媚笑容的女人，明眸皓齿，清爽的短发，像一株淡雅的雏菊，但我知道这株雏菊经得住风吹雨打。

从那个时候起，我们便断断续续地开始了一系列的对话，从最初的客套，到互诉衷肠，让我越发了解她。我们从来不谈瘦身保养，也不谈投资理财，愿意坦陈彼此真实生活里的失落和难堪，也愿意分享自己的得意与失意。

在人人向前奔的时代，我们的每一次对话都像飞翔鸟儿的一次落脚，毫无目的的停歇是对初心的相互守望，珍贵无比。

愿意重新去读书的人心底多少有一些不用说明的默契。骨子里我们都不是顺从的人，不会活在别人的目光里，期待顺遂的生活发生一些改变，不希望得到一个望得到尽头的结局。永葆对世界的好奇心，让自己在学习和体验中获得智识上的成长，远远比获得一个好看的学位或者履历重要。

她的出现给了我“定心剂”，因为她要处理的问题比我棘手：留下老公在国内，带着一对儿女住在纽约，读书、实习、生活，在母亲、女儿、学生、员工几种身份间切换，想想都让人愁得掉头发，她却游刃有余地胜任了。这种胜任不是拥有锐不可当的勇气就可以完成的，有时勇气是廉价的，人过了三十岁无畏更不是优点，她需要足够的智慧才能不搞砸，留给一位母亲犯错和任性的空间并不多。相较于她，曾经发过牢骚的我真是羞愧难当，我抑制不住地想要为她摇旗呐喊，也给自己鼓劲。Didi更为那些苦于婚姻和育儿的女性提供了一个鲜活的样本，只要能接得住后果，大可尽情折腾属于自己的人生，涂抹自己的天空。

阅读一个人的文字就像在检阅他的内心。我相信每位读这本书的读者都是幸运的，因为你遇见了一个无比诚实的作者，开诚布公，悲欢离合全部都暴露给你，让你看见她的灵魂。在Didi的新书中，我读到了她的成长、爱情、婚姻、孩子、友谊、生活方式，她的审美和立场，以及每个人都会有的爱和怕。

我还读到了她回国之后的故事，找到让自己奋力投入的赛道——NGO（非政府组织），公益事业光是名字就觉得崇高光明。如今的社会，交友都是一件很耗力气的事，何况你要为八竿子打不着的人奉献爱心。在这趟逆风而行的列车上，需要足够的情怀，更需要实打实的付出，越是伟大的事业你越不能叫苦，越是伟大的事业越衬得你渺小。无论风光还是平淡，工作的本质都一样，背后是一系列具体而琐碎的事务，见招拆招、解决问题是职业女性逃避不了的命运。

一翻开书，熟悉的味道迎面而来，嗯，没错，这是Didi的文字，她的个人特质强烈，别人的文字是哑剧，她的文字总是掷地有声，让你读的时候仿佛能听到一个机警的小女子在眉飞色舞地讲述自己的故事，她对自己做过的糗事也能娓娓而谈，既是慷慨也是豁达。你会发现她还是那朵坚毅的雏菊，坚毅是因为纯粹，她全情投入生命的每一刻，爱着，笑着，活着。能像她一样活成一个元气充沛的人，在梦想的田地里抽枝发芽，应该是我们每个人的向往。

（祝羽捷：作家）

自序

每年的最后一天，大家都喜欢做些年度回顾什么的，近年经济环境复杂，工作数据不算太好看，周围人更愿意把环游世界的九宫格拿出来一晒。而我是个没有计划、随波逐流活着的人，一碰到这种总结就会头脑空白，因此十分羡慕那些把人生过得很有章法的朋友。在哥伦比亚大学读书的时候结识了从阿塞拜疆来的女同学艾莎，她获得金融家索罗斯的全额资助来到美国，成绩特别好。她的背包里常年携带一个皮面的小本子，每天的重要事项都工工整整记录在册，下周的日程也会一丝不苟按“本”执行。我曾经好奇借来一窥秘奥，只见下周计划的首条是几个加粗字：“认识5个新朋友”。

她一脸认真地解释：“我辅修三门课，还要拿双学位，实在没空社交，但进了哥大必须积累些人脉啊。”

认识她我才算知道，这世界上居然有那种完全不在乎自己喜欢或不喜欢，像行军打仗一样活着的人。那个皮面的小本子，应该是对时间利刃最为硬核的抗争了。

艾莎毕业时GPA（平均学分绩点）3.9，含金量比足金还高，根据小本子的规划顺利进入了世界银行工作。可是后辈们甚少向这位优等生请教，他们更喜欢给我写邮件："努力的道理谁不懂，师姐，我想听的是tips。"

每次我举办签售会，都来好多年轻漂亮的女孩，不要以为这代人只会玩手机，也有不少人好学上进，组成手账小组，使用精美的效率手册，互相鼓励着达成考试、求职、旅行、积蓄等大大小小的人生目标。她们来到签售会，是希望听我现场为如此积极的人生打气加油，然而见到真人却吓了一跳：此人并无昂扬奋斗之精神，更谈不上出人头地的远大志向。

读者非但没有失望，反倒十分喜悦：

哦，跟我一样是个普通人啊。

和师妹们一样，她们也想听tips：普通如我，普通的家庭，普通的学历，平庸得不能再平庸的工作，面对杀猪刀般的生活如何能够从容不迫？

我笑，生活哪来童话故事，如果有，也不是《白雪公主》，而是《豌豆公主》。

许多年以前，年少不知愁滋味的我通过豌豆公主的故事初次领会到，即使每天躺在外人看来蓬松柔软的生活里，仍然会被内心的一颗豌豆硌得无法安睡。长大以后逐渐发现，原来这才是深深嵌在人类基因里、属于命运的深沉底色。

所有人肩上都会有包袱，每个人心中都有隐忧，只是早晚、多少的问题而已。

前段时间网上有个民意调查，百分之六七十的年轻人勾选的理想是“成为网络红人”，靠直播和商业软文挣钱，不用起早贪黑挤地铁通勤。在我看来，这不失为一种与时俱进的、抵达罗马的捷径。浸泡在互联网中长大的我们，被太多美妙吸引，太多目的地等待打卡，物质、美貌、名牌、朋友圈……真真假假覆盖，只为让自己看上去与香奈儿海报上的法国女人一般纤细、富有以及洒脱。

不停购物的意义来自每个人内心深处害怕的东西：

穷，胖，丑，以及孤独终老。

我听到过的最劲爆的例子，是有些年轻女孩从来不照镜子，只用美颜相机，超级自欺欺人的吧？然而我外婆去世时，全家人守灵三天三夜，第四天我终于躺回床上，一觉睡到夕阳下山仍然千万般不愿睁眼。只有打开手机滤镜恒久端详那张精修过的容光焕发的不老脸庞，才有勇气决定多坚持一天。

二十岁的时候，我们对父母沉闷无趣的人生嗤之以鼻，桀骜不驯、极尽叛逆与之对抗，誓要活出自己的颜色，可到了三十岁，跌过跤受过罚却也得过糖，方才明白雷霆雨露俱是天恩。即使乘风破浪，直挂云帆，蹚过人间重重修罗战场，离别的疼痛以及成长的悲伤仍然会像夏天的雷雨猝不及防地降临。

但我不能抱怨，因着与那些为着一日三餐奔忙、没时间坐下来看书的人相比，写书的我与读书的你已属于幸运儿。

面对这深沉前景，反转只是妄想——任凭受再多教育，拥有独立头脑与金钱，只要男人还没生出孩子，现代女性依然无法完全按照自己的心意活着。这片红尘有我们的全部牵挂，家人、伴侣、挚友、国家，乃至人类社会，没有一样由得我们掌控。

但是，至少我还有权决定以何种姿态饮下命运投来的蜜糖和砒霜，我仍然可以选择，站着还是跪着，哭着还是笑着，宽恕还是埋怨，纯真抑或狡黠，留在这人间对弈。

《权力的游戏》里，大家印象最深的一句台词是“Valar morghulis”（凡人皆有一死）。

但我最喜欢的则是另一句：

“Not today”（不是现在）。

虽然不再年轻，但我们的旅程一定还有绝佳风景未尽。

红尘没有净土，人性并不纯洁，所以未来才更值得期待。

提着那口真气，保持你相信的姿态，好好活着。

与君共勉。

目录 CONTENTS

我们还年轻

未来如何，我决定不了，但如何迎接未来，必须由我决定。

女孩你下凡辛苦了

小孩不听话，爹妈不靠谱，“室友”沉迷打游戏，没几个真朋友。

青春没有终点

我不怎么多想年龄这件事。我现在在做的多数的事都是发生在灵魂当中，对于灵魂来说年龄就基本上不是一个指标了，性别甚至都不是指标了。——李银河

彩蛋

“善良比聪明宝贵，美丽比实用宝贵，开心比博学宝贵，纯粹的热情比社会性的功利宝贵，好奇比经验宝贵，一往无前比深思熟虑宝贵，过好眼前的每一天比操心不可知的未来宝贵。”

尾声

时间会回答成长，成长会回答梦想，梦想会回答生活，生活回答你我的模样。——毛不易《入海》

我们还年轻

未来如何，我决定不了，但如何迎接未来，必须由我决定。

人间不值得

三十岁以后，日子开始像黄梅天，滴滴答答，甚是不痛快。家里上有老下有小，工作起起落落，而身体这台机器，刚过保修期就开始不时地闹脾气、蹦螺丝，中年危机可谓来得迅雷不及掩耳。好长一段时间，我处在厌倦弃世的边缘，后来一想，干脆写出来让大家看看笑话好了，就像冬天下大雨的时候人们喜欢坐在温暖干燥的室内端着热咖啡观看窗外赶路的行人，别人的烦恼方才显出自己的确幸。而反过来，当自己跌了一跤膝盖流血的时候，如果看到旁人的皮包掉在地上，手机口红摔个粉碎，也会觉得老天不止跟你一人作对，大概会少流一些眼泪。

第一本书《像世界一样宽广地活》出版后，整整两年我一个字也写不出来。我跟读者说，写作把我的内心彻底清空了，要回一回血。可是这好像只是个借口，我的注意力其实是被别的东西带跑了。

回到中国一线城市的生活，就像时代广场两侧的广告牌，宏大又精美，每过十秒就换上一拨更诱人的，让人来不及细想便一头扎了进去。即使谢绝全部饭局、论坛、年会等诸如此类的活动，我过去一年还是在天上度过了120个小时，航程10万公里。有时是一场幸福满溢的读者分享，有时则是一个没有结果的假正经的会议。每次回家前我总是在机场母婴室里花十分钟卸妆，换下扎人的耳环、裙子和高跟鞋，往往飞机还没开始滑行我就已经沉沉睡去，直到落地的冲击把我叫醒。舷窗外星光疏朗，又完成了一个午夜航班。

跟随着大批和我一样困顿的乘客走向停车场出口，那里永远像好莱坞的首映礼一样灯火通明——无论延误到几点——足见深圳这座城市的勤奋。本来已经干瘪下去的深夜的心脏，瞬间被一盏又一盏刺眼的车头灯再次鞭策得膨胀了起来。拖着我那只残破的银色登机箱汇入这永不熄灯的人世间，只顾得上埋头寻找自己的座位，再也看不见云中半月若隐若现狡黠的微笑。

我是社工专业出身，毕业后为着生计不得不改换职业，在社会晃荡了十几年终于经济宽裕，迫不及待打算重新选择人生赛道。但究竟怎么选，其实心里并没有确定的答案。人到中年最害怕的就是不定性，漂着。年轻的时候没关系，所有人都鼓励你多尝试，男的可能因此找不着对象，也不是多大点事。可一过三十，想法全变了。一个凑合的答案也是答案，一个不怎么样的终点也是终点，我们只想赶快结束这没有日夜黑白、只有和自己的灵魂四目相对的漫长僵持。

有一种焦虑，不为衣食，不为儿女，为的是时间有限，要做的却那么多。可是命运不给你犹豫的时间，那一刻，我仿佛站在火车购票窗口，身后挤满了不耐烦的人，面前的售票员一个劲儿催问："坐哪一班车？！"只给你一秒钟选择。

看过《大象席地而坐》你就会知道，被命运无尽放逐，是世界上最孤独的一种活法。

已经三十五岁的我，不敢再彷徨。

捏着好不容易抢来的车票，我懵懂地爬上了公益这趟车，管着二十个人，有的比我大，多数比我年轻。这不是会飞黄腾达的职业，因此同事们的家境都不算差。以前我的工作是卖东西赚钱，现在也没变，区别是赚来的钱要一分不动地交还给社会。钱经由我们的手，变成了山区儿童身上的冬衣和地震后人们住的救灾帐篷。我们把在卧室里干微商的淘宝卖家转化成捐赠1个亿的爱心人士，把宜家卖给中产阶层的玩偶换成了穷孩子免费玩的滑梯和操场。我知道，没人喜欢用"穷孩子"这个词。

站在这条仓促选就的赛道上，我满心疑惑，不停向旁边的人发问：多喝水如何帮助消除贫穷？发图书是否能让留守儿童真正产生学习兴趣？只要好筹钱的项目我们都做吗？大家都像革命斗士一样坚定不动摇，没人回答我的问题。

“你们太伟大了！”捐赠人经常对我这么说。好话听多了，渐渐我也就不问了。你都这么伟大了，怎么能动摇呢，是吧。

做公益的人经常有比较强的虚荣心。

而我，不仅有虚荣心，而且胆子小。因此即使满腹疑惑，我依然对外宣告要把自己的余生交付给公益这个伟大的职业。一是使劲说服自己，二是这职业听起来还算体面。每天早晨起床，我都对着镜子跟自己说，这是你自己选的事业，坚持下去，反正也没有很难。

只有和朋友们一起喝酒的时候才会松口气，“何必较真呢，嗨，人间不值得”。说得多了，连自己都觉得滑稽，一份以慈悲驱动的工作，居然让人发这样犬儒的感慨。

人间是不值得，不是所有人都值得被拯救，也不是任何人都必须被理解。

是跟着其他人上车还是继续留下来等待，到底是对是错，没有人能给你答案。

有些事也许永远没有答案，你只能选择。

读过胡波的遗言再看导演身后的风光，是如此让人扼腕，我才惊醒——怀疑自己的选择，但不要惩罚自己。

选错了，就再选过。

他的绝望和我的苟活，都是因为拉不下面子。

是，我又绕路了，一把年纪依然不知道自己到底喜欢什么，只知道自己不喜欢什么。

这世界大多数人的呼声也许永远也得不到神的回应，我恐怕也是其中之一。但万一，万一他最终召唤的时候，我相信只有流浪的人身上没有枷锁。

只要还有从头再来的机会，就还没到放弃的时候。

老了的感觉

今天是星期一，首尔街头人潮如织。罗德奥街上，林荫道的咖啡馆，新世界百货商店，到处都是穿着休闲的年轻姑娘，消遣着这个本该忙碌的工作日。我突然想喝辣牛肉汤，走进一家装修简单的24小时韩食店，柜台阿姨系着蓝花围裙，远远抬手给我指了个位子，我在两个女孩旁边的桌子坐下来，她俩正在讲话，原来是同胞。

“你等会还想买什么？”短发女孩问。

“嗯……没想好。”长发女孩有点闷闷不乐。

“还买化妆品吗？”

“我想买个La Mer的精华。”

“多少钱？”

“折合人民币两千多吧。”

“哦。”

“凑满三千有返现……”

“……”

辣牛肉汤上来了，我眼观鼻鼻观口，聚精会神开动。直到吃得满脸通红放下调羹，短发女孩的声音再次飘了过来：

“那还买不买？”口气有点不耐烦。

“不知道……”

“你再想想吧。”

短发女孩起身去结账了，我这才有空歪过头去看，两人均是大学生模样，打扮时髦，长发女孩的座位后背放着一只香奈儿255皮包，地上还摆着一个Rimowa硬壳箱。

难怪手紧，钱都花在看得见的地方了。

不听爹妈的摆布，不看上司的嘴脸，想买就买说走就走的痛快，仍然是青春的奢侈品啊。冲着这一点，我等中年妇女也算险胜一筹，过了二十八岁至少买护肤品不用看价签了。

中国的人均GDP（国内生产总值）已经破了一万美元，肉眼可见的，无所事事的有闲人越来越多，可真正放松的还是只有老家伙们。五星级酒店门口的出租车司机大爷，手停口停的营生，半天没生意，还在悠哉游哉地抽着烟打嘴炮。坐在酒店大堂衣食无忧的女孩子却老是照镜子，担心脸上的粉底掉了。

我第一次意识到自己老了，跟所有人一样，来自一次不同于以往的熬夜。追连续剧追到凌晨4点，第二天早上推迟两个小时才进办公室，全身酸痛，对着镜子连口红都涂不好，手抖。同事们中午吃饭，远远传来一股淡淡的油腥味，空空如也的胃里居然十万分的恶心。五号字的PPT（演示文稿）看得我头痛欲裂，躺在沙发上却怎么也睡不着。连续两天如同行尸走肉。

有的职业很残酷，喜新厌旧，折损肉体，三四十岁已难体面示人。演戏、体育、舞蹈，还有新闻皆是如此。二十出头刚进电视台那会儿，连续工作两个通宵是我的常态，连咖啡都不用喝，稿子一交，转头又去出差，经济舱座位上能睡十七个小时。可现在，第二天一早要开会都会让我失眠。

前段时间与大学同学卓林在北京相聚，她在央视当出镜记者，活跃于国家大事一线，我俩晚饭后约在雍和宫后巷的一处茶馆，她次日早上6点便要出发报道朝韩会谈。卓林自大学时代起就是校花、名嘴，明明可以靠脸却偏要靠才华，拿了国标舞全国冠军，毕业后又去攻读世界著名的密苏里新闻学院，年纪轻轻就当上大台驻外记者，专跑白宫线，是出了名的“拼命三娘”。

临别时我摸摸她瘦削的后背说，也别太拼了。

她半哭半笑答道，“这把年纪了还拼什么，熬个夜就像死人一样，偏偏吃的是碗青春饭。台里同事们最近都想去互联网大厂当公关，我也要谋条后路”。

越是年少成名，就越难抵抗岁月的撕扯。体力脑力稍有滑坡，外界评价和内在自尊便一道地动山摇起来。在这一点上，我非常佩服坚持站在镜头前面将近三十年的陈鲁豫女士。可我从一开始就不想从事露脸的工作，写作多好，年轻时写青春言情，老了写科幻历史，只要神志清楚，干到一百岁也没人喷你年老色衰。

不知是否这届网友严格的缘故，比我更年轻的90后00后反而更加怕老。二十岁开始拉皮打针，二十五岁就开始盘算哪年能退休。大家怕的，大概是平庸和无名吧？出生在一个拥有名气便拥有一切的时代，爆红的人越来越年轻，格莱美奖首个大满贯得主Billie Eilish，2001年出生，2017年出道，确实挺让人头皮发麻的。可是郭德纲也说了，年轻的时候拼不过你没关系，谁活到最后谁才是艺术家。

老了就没那么紧张。有时候教养会不自觉垮掉，嗓门也变大，收紧了一辈子的小腹会渐渐松开，衣服只好全部换成三宅一生。可是好处也多，比如社交不再是苦差，不必笔挺挺复读机一般满嘴客套话，也不再打肿脸充胖子："啊，我对艺术品没什么兴趣，买不起，我只喜欢吃麻辣烫，哈哈哈。"

也开始能够把发生在自己身上的心碎和悲伤笑着讲给旁人听了。记得Joan Rivers吗？世界上为数不多的女性脱口秀演员，丈夫自杀后她和女儿外出吃饭，她对伤心欲绝的女儿说道："如果你爸看到这菜单上的价格，他会活过来再杀死自己一次。”

随着年岁增长，也许痛苦和快乐都会渐渐变得不那么重要。没什么是必须得到的，比如朋友，比如幸福，以及真相。即使得到了，也高兴不到从前那种程度。这未必是智慧带来的和解，说白了，只是无能为力的麻木而已。真正衰老的标志不是白头发也不是法令纹，而是你不再期待明天到来，不再好奇未来的自己会是什么样子。

从这个标准看，有的人永远少年，而许多人二十岁已经行将就木。

不管什么年纪，别在乎得失。燃烧到最后吧，这样的话，即使骨灰洒进大海，空气里也仍然是旭日初升的味道。

说“不”的底气

公益基金会前一阵子招聘，因为法律规定了公益组织的工资上限，待遇极其“感人”，根本没有主动投递过来的简历。有多“感人”呢？有一次我去国际学校演讲，小学五年级的小孩问我挣多少钱，我想了想答道：“虽然是隐私，但我可以告诉你，大概就是你学费的十分之一吧。”那金发蓝眼的男孩满脸懵懂继续追问：“我的学费是多少？一千块？”

站在旁边的教师居然忍不住翻了个白眼，他说：“那是你一天的学费，孩子。”

这对话让我开始怀疑，究竟有没有必要让这些活在粉红城堡里的幸运儿了解普通人的生活。大概只会当成社会奇闻吧？可是转念一想，如此高尚不染尘埃的公益事业，不正适合这些不必为钱发愁的孩子吗？

没想到三个月一晃过去，公益基金会仍然没有收到任何简历，残忍打破了我的梦幻念头。

原来，大多数人还是希望钱越多越好，尤其是富二代。老黄牛一般埋头苦干默默无闻的工作，既无法认识教父级的名门望族，也丧失了乘私人飞机参加巴黎高定的资格，恐怕从此要被社交圈摒弃。

人事部痛定思痛决定主动出击，抱着广种薄收的心态在招聘网站搜索公开求职信息，四散英雄帖。两天后给我发来一份简历，附言一句：“翻了几百份才终于找到一个合适的……好像还是你的前同事，你看看认不认得？”

我叹口气，当然认得。

昨晚她才来我家里吃饭，为了找工作的事儿。

因为好吃懒做，我很早就成了90后的“树洞担当”，这位被人事部百里挑一的小友，姑且叫她小虫好了，大学没毕业就进了公益机构，从最底层的助理做起，四年升了三级，刚涨完薪，她就决定辞职了。小虫做事认真，性格内向，话很少，在大老板眼里是个小透明，领导们最常犯的毛病就是灯下黑，收到辞职信才后悔不迭，临时抱佛脚开始套近乎。可惜已经晚了。

小虫第一次来我家，居然带了见面礼，是我爱吃的东西，懂这些礼节的年轻女孩现在不多了。她告诉我，她在家待了半年，接了个零散项目做了两个月，快到年底才开始人生第一次求职。

年底找工作，果然是新手呀。

她说：“投了几份简历，都是大厂，写字楼看得到大海的那种，全被拒了，说是没有相关工作经验。主动找上门的都是原来的同行，我又不想去。怎么办？”她又补充，“接过大厂的项目，干得日夜颠倒死去活来，我不想那么辛苦。”

“那为什么想转行呢？”我问，“公益机构加班少，也不考核业绩啊。”

“唉……好奇吧，挣得也少。”她低头。

要是别人问我，想不累还是想有钱？我肯定答“都想”。最好是躺着就能挣钱啦。但很多时候，我们不得不二选一：你只能拒绝一样，才能得到另一样。可是拒绝真的好难。寻常百姓，过着手停口停的日子，老板的命令、房东的催款、小孩班主任分派的任务，哪一样敢说“不”呢？

要不要转行？大厂真的适合我吗？如果有很多钱，至少就不用纠结以上这些了吧。

看着小虫，我突然想起某知名贺岁片导演说过的一句话：“我给女儿的自由，不是想干什么就干什么，而是想不干什么就不干什么。”

我想了想，对她说：“实在很纠结的话，就选最赚钱的工作好了！”

她瞪大眼睛："哈？"

钱是那种，你必须真正拥有过，踏踏实实看到一串零出现在自己账户里，才能知道它到底有多爽的东西。有人说没吃过猪肉还没见过猪跑吗？抱歉，不是的，在你成为银行的高级理财客户之前，你真的不明白富有意味着什么。躺在家里就敢号称自己视金钱如粪土的人，相信我，用不了多久就会被生活一巴掌打在脸上。

深圳新闻路上有一家苍蝇馆子名叫"小辣椒"，爱吃湘菜的老饕都知道，夫妻两人搭档，螺蛳壳里做道场，一辈子做下来，供了小孩出国念书，窄窄马路两边还开出三间分号。熟客们不忘当年的老排档，也不嫌弃它简陋，日日踩破门槛。反观那些头衔多到名片两面都不够印之高端人士，每隔几天都能从财经新闻里看到惨淡收场的消息。

为钱工作毫不可耻，凭能耐吃饭才是真正精气神。

钱不仅可以买好吃的，买名牌包，买演唱会前排门票。钱最酷的是说"不"的权力——去你的吧，省省你那套吧，老子不干了。对，就是刘玉玲的"fxxk you money"。

世人都以为花钱快乐，其实挣钱更销魂。

我说小虫，谁能一下子找到生活的靶心呢。我的二十几岁净去焦头烂额当别人的妈了，你还自由，赶快去把没经历过的都试一遍，特别是挣钱的快乐。等你落袋为安，如果还是心心念念惦记着那些清水衙门，再回来的时候就不会像现在这样心虚了。

做公益、画漫画、玩音乐、做摩托车手，到那时你就可以自豪地说，这是我自己认真选的路，而不是因为互联网公司不要我。

小虫似懂非懂地点点头，最后问了我一个致命的问题：

“怎样才能挣到钱呢？”

选一家业绩和信誉都良好的公司，不挑岗位待遇，给什么都干，认真交付每件工作，运气好的话，不出两年就会看到曙光。搭上一部高速电梯，再加努力和坚持，前途不可限量。

与命运迎头相撞

“你是什么星座的？”

“天秤座。”我答。

“哦，有点选择困难。”都这么说。

其实根本是个误会。

天秤座只是极度完美主义，痛恨向瑕疵妥协。既是不妥协，哪来什么选择困难。

天秤座还有一个不为人知的秘密，这个以外貌出众品位高级以及温良恭顺著称的风向星座，真相是个皮笑肉不笑、没有心肝的冷血动物。

小的时候，堂弟表妹们都有自己心爱的毛绒玩具，不抱在怀里就睡不着那种，可我从来没有，我觉得依恋物是很麻烦的。人最好不要有什么甩不掉的东西，比如感情，比如习惯。书包里妈妈刚装进去100块零花钱突然不见了，搁别人要大哭一场，我连眉头都懒得皱一下，不就是少吃几顿咖喱鱼蛋肯德基吗，不吃就不吃。九岁那年，我跟着爸妈从长沙搬到广州，走之前没有跟任何同学告别，从前收到的明信片、生日贺卡和小礼物被齐齐整整地留在了老家，一件都没带走，一个大院儿的小伙伴到了新学期开学才发现我家已经人去楼空。

后来爸妈离婚，妈妈哭着问我："你要跟谁？"我头也不抬在一边收拾书包：

"当然跟你啊。"一滴眼泪都不屑于流。

终于消停了，我甚至想。

天秤座是这个世界的旁观者，穿一身从头到脚冷冰冰的白，看其他人滚在烂泥里发狂发癫。

高三那年，我备考不勤，没能考进第一志愿的中文系。放榜那天我笑了笑说："能上一本就行了，其余老子无所谓。"就把成绩单丢到一边出门去了。谁说不进中文系以后就不能写文章了？大一甫始，我随便抽了两篇草稿，拿下学校诗歌比赛的一等奖。

每个学期期末都有同学在背后戳：上课都不来的人，靠什么门道又拿一等奖学金？我既不生气也不解释，还是那句，你们怎么想，老子无所谓。

年轻的生命胸口写着一个"勇"字，在跟命运迎头相撞之前，根本不懂自己面对的是什么。

前些天，许久未联系的《第一财经周刊》副总编辑陈锐找我，邀请公司在他们杂志社举办的论坛上发言。我让熊猫[①]去，他居然破天荒同意了，当然是跟陈锐已经有十几年私交的缘故。在去上海的飞机上，我扳着指头数了数，十几年到底是多少年。

三个老伙计在上海世博会的饭堂碰了面，一坐下来，陈锐果然说起："我们居然认识十几年了。"

"十四年，我刚才在飞机上算过了。"我说。

"不止，p8死的时候是我俩第一次见面。"陈锐立刻纠正我。

我被嘴里一口滚烫的茶呛住。

陈锐是重庆人，说话一向直来直去："就是在他ICU（重症监护室）外面，你忘了？"

"唔！你倒记得清。"我咳个不停。

p8是当年广州颇具盛名的先锋杂志《城市画报》的一名音乐专栏作者，笔名prosk8er，意为professional skater，"职业板仔"。大家嫌这ID难记，都叫他p8。他和陈锐是泡西祠胡同的时候认识的，那个版面叫作"八零年代"，伊是斑竹（版主），大我们几岁，彼时刚从名校法律系毕业，莫名其

① 作者的丈夫。

妙流窜到珠三角做销售。

p8真的是个板仔。我第一次在高中教学楼门口碰到他，他那条宽松板裤的腰间露出一截蓝色格子内裤，腰带快要扫到地面，正在台阶上做5050 kickflip out。

算一见钟情吗？有可能。也可能是他剃成圆寸成了我的同桌以后？记不清了。就像与陈锐在ICU碰过面一样，太久远，远到记不清。

但我记得他的真名叫作阿章，这个人是我的初恋。

因为陈锐的面子，世博饭堂的大厨这时亲自端上来一大盘油焖大闸蟹。深秋的公蟹黄满膏肥，陈锐立刻打住话头，转过脸去叮嘱熊猫："多吃点，不吃饱不行，下午你还要上台，主题是'国潮与新国货'，别忘了啊。"

活着的人还要好好活下去。

我妈经常说，别看一辈子很长，其实就是几个瞬间而已。如果她十八岁那年没有考军校，就离不开农村；如果待在农村，就不会认识我爸爸；如果没有认识我爸爸，也许她一辈子就留在部队，嫁一个部队高干子弟，那就压根儿没我什么事儿了。

大二暑假以后，我也曾无数又无数次地想，如果高三那年我没选历史班，如果不是班主任拍脑袋让他坐在我旁边，如果我俩"早恋"的事被年级组长抓了"现行"告诉家长，又如果p8是个像他的外表一样吊儿郎当的小混混。

任何一个“如果”发生，都只是青春里无数个让人尴尬的笑话当中的一个而已。

但命运说，没有如果。

高三整整一年，每天晚自习结束后他都会步行二十分钟送我到家门口，无论明天要不要模考，他的胃病有没有发作，或者外面下着多大的雨，实实在在一天都没有缺过勤。上大学以后，他让我缩在宿舍哭了两个多月，而我则让他躺在瓢泼大雨的足球场上假装脸上只有雨水。

如果没有遇到他，我本来是个连毛绒玩具都嫌碍事的天秤座。如果他没有因为急性白血病突然去世，我本来可以冷眼看人流血流泪，那么后来的日子应该会轻松得多。

但命运说，没有如果。

我的书架上现在摆着一只蓝色的“海人”玩偶，是高考结束当天他送给我的礼物。

“好笑吧，居然是白血病。”我很少跟旁人提起这件往事，每次说起总觉得自己就像个蹩脚的弱智连续剧编剧。

十九岁那个夏天，广州酷暑难当，我从长途车站赶到医院时已经全身湿透，等不到电梯，我手脚并用爬到病房门口，护士拦住了我，说你来晚了，ICU下午5点以后停止探访。我抬头看墙上大红色的电子钟，5点3分。大概就是在那个时候，陈锐看到了我。

我怎么也不相信和他的最后一面居然是在医院的闭路电

视。那里只有一个模糊的人形，我都认不出来是谁。这个情节简直比白血病更弱智。

原来，认识一个人，爱上一个人，束手无策地送走一个人，都是注定的。命运从不关心你来早来晚，更不因为你哭天抢地而手下留情。你在不在乎，活得认不认真，都只是自作多情罢了。哪有什么“我命由我不由天”？哪吒是谁？是三头六臂屠龙护法神，百邪不侵莲花化身，不是人啊。人能随心所欲的，不过是今天穿什么衣服、买不买打折蔬菜、明晚的饭局去还是不去，这些无关痛痒的鸡毛蒜皮。

我曾经在微博上问读者“最难的选择是什么”。三分之一的人选了“分手/离婚”，另外三分之一选了“要不要辞职”。有人留言，没有容易的题，天天都像过大考。高考过的人都知道，多选题是这世上最最棘手的题，选多选错不得分，选少只得一半分，而把分手、辞职、生孩子三个选项同时勾对，也只是刚及格。

等在前面的还有：

这回遇到的是真爱吗？

该怎样让那些人也尝尝我的痛苦？

还要再赌最后一次吗？

坚持，还是放弃呢？

我，应该离开这个世界吗？

长大以后我才明白，这些选择题根本就没有正确答案，无论你出王炸还是小3，最后都会回到那个你最害怕的十字路口，像撞了邪一样，这就是身为凡人的卑微。p8去世几年后，他母亲意外怀上了一个女儿，那时他父母已经快五十岁了。这个妹妹，现在应该快上高中了。

雷霆雨露，俱是天恩，不管你喜不喜欢都要磕头跪谢，神就是这么霸道。

但我手里有一个最重要的选择是神夺不走的，那就是我的姿态。

我选择一头扎进这个我本毫无兴趣的人间泥潭，无论里头有多少蛇虫鼠蚁。吃亏、上当、背叛、侮辱，通通放马过来好了，从今天开始，我决不做那个首先离开的人，我不会让你在任何时候看到我转身放弃的背影。

我知道，这略显弱智的悲壮姿态未必能真正逆转什么，它更像是一遍遍对我自己意志的考验。

我究竟相信什么？

最难的相信，是身处漫长黑暗，仍然相信天总有一天会亮。

最难的选择，是让自己没有选择。

未来如何，我决定不了，但如何迎接未来，必须由我决定。

原来理想长这样

2019年夏天，作家祝羽捷发新书，邀我去她的深圳签售会做嘉宾，在言几又书店。既是熟稔的朋友又是轻松的场子，我穿了条小碎花连衣裙，戴着日常喜欢的珍珠项链，高高兴兴跑了去。见到小祝，她穿着一身真丝收身旗袍，十分玲珑标致，见我打扮得如此随便，她居然没有不高兴，反倒像松了一口气似的，迅速走进更衣间换了一身白布裙子出来，把口红也擦掉了。我俩哈哈大笑。

小祝原来是高级时尚杂志的主编，住在最时髦的魔都，曾经日日衣香鬓影，打交道的都是明星和名流。这种亮晶晶发光的人物我本来无从得见，可她不知为何忽然辞了工作改学艺术，从伦敦求学归来后搬到郊区生活，从此微博上再看不到她的派对照片，只出现一张书桌和一台电脑，我们就是从那时才有了交集。小祝的转变我本心想恐怕只是一时心血来潮，哪个urban girl心里没有一个法式田园的梦呢？没想到五年过去，她仍然坐在我身旁，穿着朋友送的白裙子，捧着自己的新书，笑起来露出可爱的虎牙和一对酒窝。

她说："我现在买不起名牌包包了，好像也不想买了，看着家里以前买的爱马仕，觉得都比不上我在美术馆的礼品店买的帆布包。"

我打趣她，拿爱马仕的人可未必能拥有栽满无尽夏的院子呀。

总之，该有的物质差不多都有了以后，有的人会继续买更多，而有的人会发现乐趣已经荡然无存。我和小祝都属于后者。那么，我们的下一站乐趣在哪儿呢？

这个问题让我头疼了很久。

我们这代独生女孩，包括我自己在内，好多人除了买买买以外是没有什么正经爱好的。当然小时候都被送去学过一两个兴趣班，我学过钢琴、手风琴、舞蹈、素描还有书法，可是双职工家庭你懂的，课后练习全部放羊，老师随便捞点私活就算，很快无疾而终，全家人皆大欢喜。80后最突出的两种技能是米其林餐厅打卡和名牌折扣汇总。

人生前面还有好远，真的可以靠吃和买顽强地走完吗？这个问题早在三十岁以前就已经浮现脑海。看似成熟的我们，其实外卖的汤倒洒了都能大哭一场，这样的心，仅仅去日本玩一趟就可以修好吗？

事业和家庭可以成为精神支柱吗？天啊，当然不能。事业可是要把自己全部的心掏出来的。拿我来说，公益和写作，一个是帮助别人，另一个是码字给别人看，每天晚上合上电脑，我的正能量都处在严重欠费状态，就这样还得吊着口气打点一家人的一日三餐、头疼脑热和喜怒哀乐。

我们点亮了别人，可谁来点亮我们呢？

是爱情吗？这当然是最强劲的快乐药，可我们毕竟不是公主，随便出个门就能和王子坠入爱河。

我试过：一个人待在家，关掉手机，把自己最喜欢的衣服鞋子珠宝字画统统摆出来，点一份大餐，开一支存酒，打开音乐，独自享受。然而吃完这顿无比做作的饭，我发现还得靠自己把这些东西一样样收回去。

就连运动也不行，你会很快卡在那个终极问题面前：身体练这么好是为了啥？

我真的没想到，自己的解药居然是一部动画片。

那一天我记得很清楚，我去了一个艺术博览会，朋友王青买到了一张她心仪已久的曾健勇的水墨画。我俩喜滋滋地去喝了草莓雪顶，她告诉我有一部动画片叫作《罗小黑战记》。

“有空去看看吧。”她说。

“哦。”我低头划着手机随口应道。

那天下午的阳光很甜，莫名地让人不想回家，和王青分手以后，我一个人在商场里闲逛，最后绕进了负一层的电影院。正好这部动画片有场次马上要开演，就抱着消磨时间的心情坐了进去。片子不长，滚字幕的时候熊猫正好打电话进来，问我晚上想吃什么。

可是接起电话的那个我，已经不是下午那个百无聊赖的我了。

一直苦苦寻找却不见踪影的那个心中的车站，突然一下蹦到了眼前，近得好像迈腿就能踏上它的月台。这一次我终于看清了车站的名字，它叫作——

“理想。”

这是个不起眼的车站，小小的站牌完全不豪华，像是一张薄薄的剪纸窗花，随着和缓的剧情徐徐展开，到最后才看清楚这两个字。可是脑袋里长期乱哄哄喳喳跳的神经线在看到它的瞬间被抚平了，变成了一只轻盈的风筝，飘啊飘啊，飘上了天。

我已经很久没看到过这么“干净”的虚构世界了，天空是开阔的，云朵是宁静的，万物是有灵的，没有坏人，没有对错，连眼泪都不太多。《罗小黑战记》毫不留情地删掉了所有能够让观众产生真实感的人情世故和是非恩怨，却把平时不在大家视线范围里的星星和月亮硬拽到观众眼前来，干净到让有些人觉得无聊、失真，甚至有点摸不着头脑。

可这就是理想的模样啊。

片尾字幕出来的时候我旁边一个带着孩子的男家长捧着手机睡到鼾声震天，而我则激动得心脏都快停跳了。不鸡血，不扎眼，不喧哗，理想是一支牢牢立在风中的天蓝色小旗杆。

我突然明白了自己过去为什么找不到答案，是因为一开始就问错了问题。问题不是漫长的人生应该如何从容抵达，而是你想抵达的到底是个什么样的地方。所谓高尚的人生境界有很多，富有、豁达、功成名就，这些都是高大威猛的热门目的地，可是当那剪纸一般的两个字在我面前徐徐展开的时候，这些却只是绿皮火车上买零食和抽烟的中途停靠站而已。

我没想到答案竟如此简单。

小祝的签售会结束以后，有几位相熟的读者走过来对我说："你越来越年轻了呢。"

这种好听话我当然是不信的。

她们拍着胸口保证不是客套：是眼神，你的眼神像个小孩。

灵魂的终点站牌上，只有"真""善""美"三个字而已。

孤独的最高等级

你相信自己的眼睛吗？还是更相信科技？

当今社会，应该行万里路，还是读万卷书？

贴近生活和放飞想象力，哪个对创作者更重要？

很多人会说这些都不能偏废吧，但难得很。在我家，熊猫和孩子们是科技流，电脑是他们接触世界的唯一途径，通过游戏交友，用弹幕和表情包聊天，借助纪录片的镜头一晚上尝遍东北的焦子鸡架和峨眉山的五花肉，跟随视频主播游览大英博物馆和马赛马拉国家公园。他们不喜欢去电影院看电影，因为不能拖拽进度条。只有我是老派人，好东西我喜欢眼见为实，所以我常一个人旅行。翻山越岭却只看到拥挤的人头后面小半张模糊的蒙娜丽莎，因此总遭到他们耻笑：家里明明有4K高清零距离版本，一边看还能一边喝冰啤酒。

科技的便利毋庸置疑，它比我的眼睛更准确，比我的知识储备更丰富，还能够进入一些寻常游客禁止入内的地方。故宫最近推出了360度线上展厅，大家可以像看样板房一样游览紫禁城。但我每年还是会去一趟故宫。正因为有了科技，不用挤热门，不用跟导游，人解放了，才有了独自坐在回廊下，看一看“雨过前山日未斜，清蝉嘒嘒落槐花”的闲情逸致。

说得那么好，并不代表我喜欢一个人出门。即使是我认识的最能干独立的单身女人，也更愿意和三两好友一起旅行，穿着新买的花裙子在列车上抱作一团自拍，坐在路边共享一只甜筒冰淇淋。那些美好的山河大地，风土人情，藏满故事的小街小巷，只有我自己看到，真是一种遗憾。一个人在Coney Island坐摩天轮的时候，不能面向大西洋张开双臂大笑大叫，怕被人当了疯子捉去，也是真的惆怅。

为什么只能自己来呢？人生未免太失败了吧。年纪大了之后，还加深了这样的悲观。

中国人口多，恐怕跟害怕寂寞有关。

我们是独生子女，可小时候住在职工大院里头，家家都有小孩，互相抱团取暖，从不曾落过单。读中学的时候，同学们连出门左转上个厕所都要手挽手同去。大学宿舍六张床起步，跟男朋友煲个电话粥有十几只耳朵杜比环绕声一般监听。直到去了美国读书，我才是真正吊儿郎当没有了依靠。一日复一日，自己默默搭地铁，默默写作业，默默吃饭，回

最好的时代，最坏的时代

刘一（自闭症，上海，生于2000年）

这幅画作曾入选腾讯公益2017年“小朋友画廊”。这个故事性很强的作品，表达了小画家对周遭生活好恶的直观感受：我们在奔波忙碌中投入生活，投入这伟大时代的浪潮中，这是最好的时代，这是最坏的时代。

房间默默睡觉，好几天说不了一句整话，那时才明白过来，为什么中国留学生找男女朋友的眼光那么博爱。

没有伴儿，连吃饭都成问题啊。一个人点多了吃不完，还经常被强行拼桌。每次旅游都只能跟导游睡一间房。网上有个孤独等级表，里头每一项我都干过，包括自己去医院开刀，可这些全部加起来孤独的程度都比不上漂泊异乡。

有时，我一年出差几十趟，常常感到害怕：深夜酒店走廊上喝醉酒的男人在大呼小叫，似乎随时会一脚踹开那扇薄薄的门板；的士司机暧昧复杂的眼光频频透过后视镜扫射过来；火车软卧车厢永远是三男一女，晚上10点熄灯挂锁，我穿上两层衣服裹紧被子，每个毛孔都在严阵以待。与陌生男人共度无数旅程之后，我深刻理解了贾宝玉对男人的评价。

但我还是常常一个人旅行，因为没有旅伴。刚开始觉得尴尬的活动，比如一个人参加春节旅行团，一个人住亲子酒店，一个人吃圣诞烛光晚餐，习惯了也就自在了，根本没人会注意你。我不打算一个人爬山，穿大漠，看极光，危险。还是聚集着很多人的城市最吸引我，不管向左走还是向右走，五米之内，永远有我从未见过的家常喜怒哀乐上演，百看不厌。我喜欢走陌生但热闹的街道，搭乘坐满上班族和学生的公交车，推门走进那些食客不多也不少的简朴酒馆，点两盘小菜外加一瓶烧酒，坐在窗前平静地欣赏这缓缓流淌的人间生活。和朋友们聚餐的时候，我们只看得到桌上的大鱼大肉，而一个人的时候，我能看见那跑堂小伙是个二十出头的南亚劳工，一边擦桌子一边哼着韩语舞曲。一个人的时候我才能听到后巷传来的二胡声，发现藏在便利店杂物间打游戏的打工小弟，卖泥鳅汤的大婶才会多给我两碟小菜。

-国际孤独等级表-	
第一级	一个人逛超市
第二级	一个人去餐厅
第三级	一个人喝咖啡
第四级	一个人看电影
第五级	一个人吃火锅
第六级	一个人去唱K
第七级	一个人去看海
第八级	一个人去游乐园
第九级	一个人搬家
第十级	一个人做手术

这是大城市才会给孤独者的奖励。

正常人没有喜欢孤独的。尤其当我们不愁温饱，有家有业，人生被成就感填得满满当当，只剩鸡零狗碎的烦恼时，我们轻易便忘记了过去，特别是痛苦。我们用力地想撇掉那些孑然一身时的记忆和附着在上面那多愁善感的自己。

我情愿麻木，对人间疾苦视而不见，唯盼终生沉湎欢愉。

可是啊，从不寂寞的人生，就像只有彩色没有黑白的电影，像只有白天没有夜晚的星球。体会不到痛苦的日子便如同一年365天全是阳光耀眼的夏季，随着悲伤的消逝，冬尽春来、破土发芽的深沉喜悦也会沦为肤浅。

只有孤独始终警觉，在日复一日繁花盛开的日子里，只有它一直低声提醒，夜晚总会降临，风雪不久将至。

孤独是一棵历过劫的树。你听它恶狠狠：“你这家伙，别再自以为是了！”抬起头看，却是一把撑在头顶的伞。树梢传来耳语：

“上一次你不是自己闯过去了吗，还怕什么？”

只有孤独让人敬畏命运。

善用自己的孤独，Harold Bloom说。守住这份清醒的温存。

不失眠的秘密

今天是三月的最后一天。好像所有人这个三月都过得很辛苦，也包括我。

月初的时候，妈妈发信息来：外婆情况不好，速回。第二天早上5点多我饥肠辘辘地坐在高铁站的候车大厅，星巴克要一个小时后才开门，保安还躲在柜台后面偷偷睡觉。我的口袋空空，连一块糖都没有，行李箱里只放了两身全黑的衣服——以防万一。可我心里却有某种求吉利的念头，于是穿着一件鲜艳的红毛衣迈进了家门。九十岁的老太太躺在护理床上，早前的突发脑梗让她的左半边身体至今无法动弹，听见我的呼唤，她慢慢睁开眼睛，发现是我，咧开嘴笑了起来。这居然是我第一次见到外婆摘了假牙的模样，瘪瘪的嘴巴像个小孩般可爱。

外婆是湖南醴陵人，她说的家乡话我一直听不太懂，而我在广东长大，并不会讲湖南方言，所以我俩的口头交流从来都不怎么通畅，每次见面我就猛扑过去扎进她怀里大喊“外——婆——！”——那是我唯一会讲的一句醴陵话——她总是一副中了大奖的表情捧住我的脸叫“頔宝！”——边叫边发出杠铃般的爽朗笑声。外婆家的橱柜里有两个铁皮做的饼干桶，特大号，放满了她最爱吃的甜食：瑞士糖、大大泡泡糖、芝麻糕等等。只要我们这些平时不常见的孙辈一回家，外婆就会慷慨地打开橱柜说：“吃糕！吃糖！”把我们喂得圆圆滚滚。这样的几十年，似乎不需要听懂也很甜蜜。

如今她下不了床，说话也费力得很，仍然伸出唯一能活动的右手，指着窗台轻轻晃动。我妈说：

“她是要你吃糕，”又转过头大声对老太太说，“妈妈诶！还是见到孙女才舍得开饼干桶！”

过了三十岁以后我为了抗衰老已经不太吃甜，但外婆给的糕好像格外好吃，进嘴就仿佛回到了十八岁。我在她床前坐下来，扳开铁桶，一手吃糕一手玩弄她手上的两个金镯子。这对镯子她戴了好多年，从来不摘，以前尺寸刚刚好，大病以后人瘦了一圈，镯子在手腕上松松垮垮，碰得叮叮响，我怕硌得她疼，就把它们戴到了袖子外面。外婆举起手来认真端详着被我重新“设计”过的手腕，似乎满意又似乎不太满意。她嘟囔着，扯着我的衣袖揉来揉去。

我说："怎么样，毛衣好看吧？"

她一边点头一边拉拉这，翻翻那，小声问："这是哪个打的毛衣？"

我哄她："你打的啊，忘啦？"

她半信半疑又有点得意："我打滴？这些个花打得还可以啰。"

"嗯呐，"我说，"我们几个（表弟表妹）的毛衣都是你打的啊。"

她把手移到我脸上，一下一下地，很轻很轻地摸着，笑眯眯地又问："你今年多大了？十七？"

刚好姨妈走进屋来听到，冲我挤眼睛："嫔虺这么会讲话，頔頔还不发红包。"

事实上，我长这么大，那是外婆第一次如此温柔地抚摸我的脸。她一辈子都很忙，每次见她都站在厨房里，没有工夫跟我这样聊天。

整个三月，我有一半时间在外婆身边。忙里忙外之余，每天我都问她"我今年几岁啦"，有时候把头枕在她手边跟她自拍，有时候跟我妈坐在旁边说闲话，让她看得到我们。我把自己手上的一枚戒指摘下来给她玩儿，也玩她腕子上的金圈圈。她有时候会睡上一整天，我就坐在阳台上晒太阳，老宅门口的桃花和油菜花都开了，听说这片菜地很快就要被铲平，可它们还是无忧无虑地开了。

月底的时候，熊猫带着孩子们也到了，成天在菜地前头玩耍，一人拿一条木棍子打架，玩累了就跑进来叫：“太外婆好！！”

孩子们来老宅之前，我带着他俩去了一趟爷爷的墓前。以前妈妈不让我带小孩去，说去了不好，这次她没拦我。我们买了一小盆花，一点香烛，还有一个清明球。从看到爷爷的照片那一刻我就开始哭，直到三支香烧完才止住眼泪。孩子们先是一声不吭地站在旁边愣愣地看着我，到后来女儿也呜咽起来。

我抱住她的小脑袋安慰她：

“妈妈只是想太爷爷了。”

那天墓地很清静，没有泛滥的悲伤，只有零星的小雨和奔流的湘江。

去之前我妈嘱咐，离开的时候不要回头，那边的人才放心。

抹干泪水回到外婆身边的时候，我还是那个威胁她“不吃饭就把戒指还我”的孙女儿，她嘟囔着用右手大力捏我，超疼。这让我想起了奶奶，她俩都九十岁了，共同点就是爱打我。前两天奶奶还扯我头发，说女孩子家头发邋遢得像个鸡窝。在她们身边，我永远是小孩，所以永远是一副吊儿郎当不修边幅的模样。她们并不知道我背地里因为这捏一把打一把哭成了什么德行，更不知道我为了她们已经变成了自己都快不认识的另一个人。

就在不久之前，我还深陷成年人的绝望之中，认为这个世界除了我妈，不会再有人全心只盼望我快乐。那样的人只有我妈一个了，丈夫和孩子都会先把自己放在前面——当然，我对他们也有自私的一面。这让我丧失了追求快乐的力气，连明天会变得更好的信念也开始瓦解。

可现在不知为何，这走到人生边上的相聚让我重新恢复了好好活着的勇气。

我们这些独生子女，小时候独享了多少，长大了就要比别人加倍还回来多少。我就这样走进夹心饼干一样惨淡的中年了，这是独生子女最难走的一条路。要放下自由的乐趣，还有功名的虚荣，心甘情愿地背负起这个责任。虽然有人以为我才十七。

也许外婆是故意安慰我的，谁知道呢。

这样就足够拯救我了。

消失了整个三月，一位相熟中医发讯息来，最近怎样，睡得如何，有没有哪里不痛快。

我仔细想想，回她：睡得有史以来最香。

终于承受下了该承受的，不再逃跑，悬着的石头才算落了地。

没退路时，人最坦荡。

阿标

进入NGO这个行业，算上当志愿者和求学，差不多有八年了。有人问我，怎么会想干这个。我说，一直以来我想做的就是这个。高考填志愿的时候，第一是中文，没考上，第二就是“社会工作”。不知怎么没看上那些金光闪闪的专业，偏偏不知社工是个什么就莫名其妙写了上去。从那一刻开始到现在，我想做的就是这个。

不不，并不是有情怀。这个词，如今是有些可怖的。几年前我写道：“不管他是谁，先听他讲话，或者，骂。”那可能是我的情怀。然而到了今天，眼见它频频怂恿人们义无反顾地把理性五花大绑游街示众，为流量满腔热血，我情愿要做一个冷酷的人了。这只是一份工作而已。入行不久，我已经知道民间公益只能于微小处作用，它逆转不了世界弱肉强食的大道。昔日面对铜墙铁壁，它是螳臂当车；今日树倒猢狲散，它亦无力回天。情怀甚至无力净化NGO这个行业自身。

只是因为无法忘记才坚持到现在的。并没有大家想象那蚍蜉撼大树的悲壮，我只是无法忘记一对天真的眼睛，一双在寒风中流血的手，一杯涩口的热茶，以及一位朋友的青春，才想继续做的。

对我来说，大部分的人情便如浮光掠影，蜻蜓点水。小时跟随父母迁徙，长大后四海为家，别人过年回乡最盼望与小学同学聚会，我却连一个名字都不记得。记忆中关于青春期的一切都已模糊，唯有大学的每一天依旧历历在目：波光粼粼的隐湖，维纳斯校园歌唱比赛，通宵观看《流星花园》的榕园5栋333室，还有社会工作专业的三十四位同学。南国边陲，文科班的男生不比北大才子般肆意纵横，他们大多比较乏味，个头矮小戴着眼镜，在课堂上沉默寡言，业余写的诗歌往往过分愤怒沉重，不是女孩子喜欢的类型，我因此与同班异性交集甚少。

直到毕业聚餐那天，大家都喝多了，有几个同学借着酒劲跑来我面前说："今天我终于可以跟你说句话了！四年了，你可知道我叫什么名字？"

在这些羞怯腼腆、面孔模糊的男同学当中，班长是与众不同的。我与他走得近，因他是一个高大、开朗、豪迈的人。一开学，老师就从芸芸众生中挑选他当了班长，没有人不服气。班长虽是广东人，却和我认识的大多数广东男人不一样，他不喝工夫茶，不戴手串，不喜欢当官，对赚钱也没有兴趣。读书的时候他是民望最高的学生领袖，却从来不进学生会。毕业以后，百分之九十的同学，包括我在内，未经多少挣扎便为五斗米折腰，只有他与剩下的几位志同道合的老师学生联合创办了珠三角地区第一个真正专业的社工机构“启创”。在同龄人为了买房买车燃烧青春之际，班长成为南粤公民社会的领头人物，他的十年耕耘，使广州社工成为行业标杆，自己依旧两袖清风。

我俩的人生轨迹截然不同，却始终惺惺相惜，时有见面。两年前，班长得知我回炉再造，即将正经做他的同行，特地从香港赶来与我在皇岗口岸见面。多年风雨磨砺，旁人多已油腻发福，独他一如当年模样，依然高大、开朗、豪迈。我年纪虽已不轻，气倒是盛，不愿轻易委身请教旁人，是班长倾囊相授，而不摆什么前辈架势。他离开付诸多年心血的启创转身做社会企业时，也曾与我恳谈数次，一如既往轻拿轻放，仍是当年那个不为功名所累的潇洒青年。

我是敬他、爱他的。

我敬佩他玩笑幽默背后的定力，更敬佩他看穿看破后仍然不失的真性情。本校校训委实难懂难记，然而每逢看到班长，便如同亲眼见到那笔画繁多的十个字。

“博学　审问　慎思　明辨　笃行”。

我喜欢这十个字，“鸡汤”含量没有超标，和谐社会的使命感点到即止，如同这所学校一样，始终是“211”当中最容易被忽略的存在。可是这几个字并列放在一起就是让我觉得莫名地舒坦。

端正，是这时代多么稀罕的品格。

班长也是这样。他不在乎别人怎么看他，也不在乎这物质社会中社工究竟是职业还是事业，抑或只是一份谁都能做的杂差。他有这份傲气，却并未愤世嫉俗。我们与他一起，从未感到只顾自己的一亩三分地是件羞耻的事。

他倒常常反过来安慰我们：养一“头”家不容易，你们已经很成功。

可我却知道，他背负的比我们多得多。当人间痛苦日复一日与自己零距离相对，不是隔着屏幕，不是文字，不是照片，更不是虚构的120分钟电影，而是站在你面前的一个个活人，他们不顾形象地拽住你的胳膊，用不标准的普通话结结巴巴重复着你几乎能背下来的困窘，你旁观那些支离破碎的生活，看见逐渐黯淡下去的眼睛，目睹鲜活的气息慢慢被死亡的腐味所代替，癫狂，涕泪，歇斯底里之后归于麻木。

那个时候，别人的痛苦已经成了自己的痛苦。

我如今才后知后觉，原来天使也会折翼。就像医生对自己的绝症束手无策，喜剧演员能让除他自己以外的所有人大笑，一颗至善至纯的心是最容易被黑暗吞噬的。

只有我们这些满身红尘两眼混浊之辈，才可以心无挂碍高高兴兴地活下去。

这可以被称为命运的公平吗？

班长离开的那个晚上，没有人在他身旁。

正如三十四年来这条始终孤独的路。

阿标，长路漫漫，我们再走一程。

廖焕标（1983—2017年）

● 2001年考进中山大学社会工作专业，这是中山大学新开设的专业，他是第一批社工专业的学生。

● 2005年毕业，班级一共34个同学，仅5个做了社工，其中包括他自己。

● 2008年注册成立了广州首个专业社工组织“启创社会工作服务中心”。

● 2013年当选为广州市社会工作协会副会长。

● 2015年当选为第十二届中华全国青年联合会委员。

“2010年底，启创60名同工前往香港参加培训，在晚上的联欢会临近结束时，同工们送给我一把扫把。当时同工们对我提出，希望我能够做自己力所能及的事情，在社会服务路上为他们扫除障碍。”

——廖焕标

逃跑计划

圣诞节那天晚上，我和熊猫带着两个小孩去了上海的摩登天空听逃跑计划的小现场。全场无座，排队的观众依然挤满了整个月亮湾商场的二楼，可说是节日的夜晚全上海最热闹的一处了。熊猫向来担心演唱会踩踏，宁可省掉晚餐敦促我们早早进场，幸运的是获得工作人员特殊照顾，孩子们可以坐在总控台前面的空地上观看，剩余200多名大朋友则必须站足两个半小时。

我是2013年看一档选秀节目知道逃跑计划的，他们获得了一张外卡直接跳过海选晋级，但只唱了一首歌就退出了比赛，快到我连乐队究竟由几个人组成都没有搞清楚。几经搜索终于找到他们至今唯一一张唱片合辑，从此成为车上的循环播放，没想到几个月后，《夜空中最亮的星》大红大紫。

“首本名曲”横空出世以后，这个乐队似乎没有打算趁热打铁，新歌迟迟不发，微博永远不更新，甚至不怎么开演唱会捞金，五年间我只看过他们两场演出，一次在2014年夏天的深圳音乐厅，一次在2018年的平安夜，都是百人规模的live house，似乎是过分爱惜羽毛。

凡是创作者都有越做越好的压力，写作也是如此，包括我自己在内的很多作者都觉得写第二本书最难，第一本抱着试试看的想法，心态很轻松，第二本则不然，一定会和自己比较，而且担心读者说出“还是更喜欢第一本啊”这样的话，以致焦头烂额，无法落笔。许多人得到销量肯定之后又开始在意专业人士的评价，如若没有一座严肃文学大奖坐镇家中，亦难有自信继续前进。村上春树不久之前专门在《纽约客》回应是否写得不如以前的问题，他的回答是：

“批评别人很容易，既然你说我写得越来越差，那你来试试看！”

我觉得，越是努力和认真的人，越是发自内心想要突破自己的人，越应该像村上春树这样忽略其他人的意见，丢掉别人加在自己身上的标签，什么天才啦，独一无二啦，或者江郎才尽之类的结论。这是很难很难的，但想要继续下去，只能这么干。揣测自己在别人眼里是什么类型什么水平，或者执着于“能干”“识大体”这样的偶像包袱，只会徒增顾虑加速疲惫而已。每个人都那么忙，别人只不过是路过顺嘴评论两句，说过就忘，实在不必放在心上。逃跑计划至今还把自己叫作独立乐队，似乎怀有某种不忘出身的肃穆心情，其实又有多少人知道独立乐队是怎么回事呢？我从十二三岁开始听摇滚，到现在甚至搞不懂流行摇滚是什么东西。普通人的批评也好，来自行家的赞誉也好，都不过是昨天失误剪坏的刘海，除了自己，没有人会记得。

几年前我曾经住在东京的文华酒店，在房间里看电视台播放福山雅治的演唱会，他站在几千名观众面前自弹自唱，都是自己喜欢的歌，每首歌的风格都不同，乱七八糟的。唱得也不算卖力，没有载歌载舞，一件滑浪风格的印花衬衫和松垮的牛仔裤从头穿到尾，后来满脸油光头发都塌掉了。但是福山雅治唱得很开心，一直在笑，连嗓音都带着笑，镜头经常推上去拍他的近脸，跟木村拓哉一样，这位五十几岁的大叔也没做什么收紧皮肤的管理，可是歌迷们的脸上依然写满了幸福。日本男明星的演艺寿命如此之长，似乎缘于一开始就没有打算保持完美形象，而这种从内而外的松弛，却给予了歌迷意想不到的极大治愈。

不能高产也没关系，被人嘲笑“重复自己”也没关系，亦舒的三板斧我们不也看了十几年吗，还是会继续看下去的，人只要做自己喜欢的就可以。不要害怕有人因此而不满，会有一直欣赏你的人，但绝大多数只是一开始出于好奇而凑近、逐渐就要分道扬镳的缘分。又有什么关系呢，我们

开往春天的列车

晨阳（化名，精神障碍，杭州，生于1990年）

一辆列车正从春日的花海中呼啸而过，这瞬间定格在画笔下，列车将开往哪里？又会遇见怎样的故事？无论如何，这一刻已足够美好。

并不需要很多朋友。

你要相信，不管你变得好了还是坏了，闪耀着还是黯淡了，有人就是喜欢你。可惜的是，无论你长得多么好看，多么有钱有趣，这样的人也只有一两个而已。所以其余人说的有什么重要，他们高不高兴跟我没有半毛钱关系。

在平凡得如同流水、无法握住片刻的岁月里，短短两个半小时的演唱会就像黑白电影里的一抹彩色波光，几年之后我仍然会清楚记得当时自己站在哪一排，谁站在我身旁，以及你侧过头看我的时候，舞台灯光在你眼睛里闪烁的样子。这一回，主唱毛川剪短了头发，直接戴着近视眼镜上台，瘦小干净，像极了我曾经认识的一个人。他唱起*Merry Christmas*的时候，我才惊觉自己早已忘记过去几年的圣诞节究竟是如何度过的。

对最终留下的人来说，有几首旧曲循环播放，知道你还在某处按照自己的心意平静地活着，这样就可以了。短暂交会的两条直线之间唯一重要的，是我俩共同创造过这段回忆。如果有一天，我们还能够时不时见上一面，请务必了解自己是多么幸运。

女孩你下凡辛苦了

小孩不听话，爹妈不靠谱，“室友”沉迷打游戏，没几个真朋友。

Shallow

Tell me something, girl
Are you happy in this modern world
Or do you need more
Is there something else you're searching for
I'm falling
In all the good times I find myself longing for change
And in the bad times I fear myself
Tell me something, boy
Aren't you tired trying fill that void
Or do you need more
Ain't it hard keeping it so hardcore
...
I'm off the deep end, watch as I dive in
I'll never meet the ground
Crash through the surface, where they can't hurt us
...

浅滩

告诉我，女孩
在这花花世界中你快乐吗
还是有更多渴望
你在寻找什么吗
在那些我渴望改变的美好时光中
在那些我惧怕自己的低谷中
我正摇摇欲坠
告诉我，男孩
不断填补着心中空虚的你疲累吗
还是你有更多渴望
始终斗志昂扬难道不累吗
…………
我试着脱离深渊，仿佛渐沉渐溺
我想我永远都无法触及地面
陨落在那水面之下，那旁人无法伤害你我的地方。
…………

房间里的大象

前几日，去一位女友的新家做客。酒楼送上来十个菜，几个人聊到半夜，喝光了几瓶年份好酒。随后她带着我逐间房巡视，这是卧室，这是衣帽间，这是工人房，这是小孩房。孩子已经沉沉睡去，一只胖胖的小脚高高翘起抵着围栏。我与女友站在黑漆漆散发着淡淡奶香的房间里压低了声音说话，好似两人第一次在君悦酒店的酒廊碰面，也是如此昏暗，那时我俩均未结婚。

又约几个老伙计去皇岗的城中村吃鸡煲，一开始个个都不愿去，有的说不好停车，有的嫌弃吃完了满头满身都是味儿。我说还在原来那个破车库里吃，他们这才下了班西装革履地来了，女士们把精致的手包堆在屋子角落一台落满灰的破冰柜上，大咧咧坐进塑料椅子，两大锅下去，人人都吃得披头散发。

近这三五年，我与这些朋友几乎断了联系，有的索性人间蒸发，连过年发信息也不回。并不是友情过期变质，而是有着一个共同的、再简单不过的原因——刚刚荣升爹妈。

怀孕时还经常看到活跃的社交动态更新：今日购置了法国高级婴儿车，明日又拍摄了美丽的孕妇写真照片。一旦小孩出生，夫妇俩瞬间齐齐消失，脸书上次更新还是几个月前那张初生儿躺在医院襁褓中，满脸皱纹眯着眼睛的亮相照。

刚开始还有人上门探望，抱着婴儿逗弄一会儿，大人们刚要坐定说话，月嫂来催，该喂奶了。孩子在外婆怀里哇哇大哭，家里人忙得陀螺打转似的，识相的客人立即放下茶起身告辞，一句“再聚”关上门，便不知哪一年才真的再聚。

莫怪人情凉薄，实在是这看似弱不禁风的小不点，却有着摧枯拉朽，让生活翻天覆地的大力量！我生完儿子的头一年，每隔两个小时就要喂一次奶，哪里都去不了，实在憋得难受自己溜出去放风，只想找个安静的地方傻坐，让自己的耳朵和神经休息片刻。不想看到死活不睡觉的小孩和只会打游戏的老公，厌倦了过年孩子回你家还是回我家的拉锯，也不愿同那些失联甚久的老友见面。吹好头发描着眼线和姑娘们吃个午饭，只会让我涨奶涨到龇牙咧嘴然后回家收拾一个更烂的摊子。

朋友们关切的眼神，好奇的询问，我都无法回答，我不知道该如何向他们描述自己心中的这一团乱麻。连我自己都搞不清楚，这物是人非的一切到底是为了什么，而这恰恰是我自己的选择。

不如消失吧，先学会怎么把小孩屁股上的胎粪擦干净再说；在弄明白发烧究竟是捂还是散之前，这样的灵魂拷问暂且丢到一边吧。

渐渐地，有没有答案变得不再重要。我们停止询问自己是否快乐，因为每天的状态总是在开心与不开心之间的一片灰色之中，既不感到快乐，也说不上有什么不快乐。大多数人承认并接受了现实——自由已经一去不返，取而代之的是上有老下还有小。即使我们最讨厌的就是春晚合家欢式的中年，也仍然决定硬着头皮强撑，每当精疲力尽地熬过一天，合上眼之前我总是安慰自己：

“等小孩大一点就好了。”

这看起来是责任心，其实更多是不肯认输。

从来没有人告诉我，那些被丢到一边的“小问题”，其实是房间里的一头即将冲破天花板的大象。

女友站在昏暗的摇篮旁，顿了一顿，指着旁边一张单人床道：“我睡这里，自打儿子出生以后。”

破车库里，一位男士突然说：“老婆怀孕了，怎么办？”

已经有了两个女儿的另一位人父边吃边答，“什么怎么办，找医院体检啊”。

对方叹：“不是啦！是我怎么办？”

大家停住筷子，男男女女不约而同露出一副过来人一言难尽的表情。

半晌，有人说：“要不……我给你几个淘宝链接？”

做父母头三年是婚姻最受考验的时刻，个中的煎熬每位父母都经历过，或者此时此刻正在体会。夜夜跳舞到天明的灵魂伴侣，突然被打落凡间变作三天不洗头和穿跨栏背心的奶妈和司机，此种种幻灭，比起惨淡的卧室生活来也算不得什么。我曾经买过一只真丝眼罩，两面都绣着漂亮的英文花体字，正面写“Hot Tonight”，反面则是“Not Tonight”。你知道吗，直到丝绸发黄发霉被我丢进垃圾桶，它都没有被翻到正面使用过。

当妈妈们热情高涨地研究超市里五百种儿童维生素的时候，爸爸们掉队了。渐渐冰冻三尺，大多只在深处暗流涌动。这道每家每户都会遭遇的荷尔蒙滑铁卢最有趣的一点在于，它是如此普遍而破坏力巨大，却除了李银河以外不被任何权威专家讨论和解决。我猜想，兴许这是因为一夫一妻这个宗教般神圣的现代核心家庭制度，凡人一旦被招安其中，便无法堂而皇之地讨论和解决吧。一个嗷嗷待哺的小毛球，长到能够自己背着小书包走进幼儿园大门，这中间的几年，天知道发生过什么。

啊，再难也过去了。现在，我们总算缓过一口气来，渐渐与外面的世界恢复走动。有时和朋友们一起打场球，来家里撸撸狗，偶尔周末聚个餐，喝点酒，种种与生孩子之前无异。除却条件反射般拒绝摄入过量淀粉，大家仿佛都涅槃重生了，告别身后的残兵败甲，我们决心过一段成年人该有的、不再摇摆和犹豫的人生。我学会了如何迅速把小孩哄睡然后在厨房工作，只会打游戏的老公开始带队露营游泳钓鱼，家庭守则规定过年谁家都不回。

我们孤独地走着一段漆黑而未必有尽头的路，为了孩子，无暇顾及自己一路上跌了几跤，是否摔破了手脚，流下了看不见的血和眼泪。在迎来孩子又一个生日的那天，屋子里挂满彩色气球和金黄丝带，蛋糕散发出浓郁的甜香。没有人会发现，房间里多了一个幸福的儿童的同时，悄悄地少了两名天真少年。

你辛苦了。

删除错误选项

我23岁结婚，25岁第一个小孩出生，彼时身边大多数女朋友还在与自己的家明Mr.Big饮空无数克鲁格，夜夜跳舞到天明。等到她们玩够直至闷厌，其实也不过二十八九。吃喝玩乐是很容易到头的，从十三四岁偷偷买酒喝开始，至多十几年工夫便再也让人提不起兴趣。上海和香港是例外，数代繁华港口文化，人人精于考究生活，鲍参翅肚丝绸锦缎均是足够丰富、值得终身爱好的项目，所以香港言情作家亦舒可以写一辈子的开司米毛衫和蚝式手表。后来我才知道，师太笔下的开司米并非如今J.Crew货架上两百元一件的绵羊绒衫，而是Loro Piana以上水准的山羊绒。可是其他人并非如此，很快move on，男士关心赚钱，女孩则着手寻觅如意郎君。

早婚的我理所当然成了后来者的军师参谋，切换轨道之际，大家都要投石问路，以防万一。随着阅历增加，女孩子较年轻时更加懂得世情冷暖人心叵测，于是患得患失，再无以前穿丝绒露背长裙与陌生男人在天台跳伦巴舞的洒脱。我只好趁小孩午睡之际溜到丽思卡尔顿酒店大堂倾听女友控诉结婚对象十大罪状——“你说，他为什么就不能改？！”女友穿着超短连衣裙，端着咖啡杯愁眉苦脸。

我默默听着，暗想自家丈夫其实也一样不落，不仅哀叹自己当初年少无知，更羡慕她如今拥有充沛精力与时间可以抱怨。

世上哪有完美型，另外，你为他做出过何种重大牺牲，有权这样指手画脚？

又有家境优越的女孩，苦于丈夫过分重朋友义气而不够温柔体贴。

其实大小姐不算任性，只是掌上明珠嫁作人妇，父母不舍得放远，于是给小两口在家门口置业，每天晚上双双回老宅吃饭，周末还要陪岳父打高尔夫。豪宅缺少自由空气，难怪丈夫喜欢跑出去跟大学室友吃路边摊。可是女方家境好并没有错，没人把刀架在他脖子上逼他结婚，我只好安慰，慢慢来，适应也有个过程。

在外人看来，富家女是不愁嫁的，实际上却极难觅得心上人。找门当户对的少爷吧，双方都受不得一丝委屈，最难相濡以沫，比如何超琼与许晋亨。父母也心知肚明，那种钻石王老五并不是合适女婿，脾气温顺、身家清白才最重要，家境差些更好相处，至少他会看在少奋斗十年的份上。要女婿不为钱来却又要尊重钱，所以难上加难。

什么样的人才是对的？人品？家境？上进心？还是财富？真的无解，人与人之间的感觉有永远不变的正确吗？我持怀疑态度。也许以前他是唯一那个对的The One，现在却不是了，也许在男友的角色里他是完美闪光的，变成丈夫就成了大错特错。甚至自然变老变丑，都会引发蝴蝶效应。

女友前不久跟我抱怨，“我真的对他感到绝望，不晓得后面几十年要怎么过”。

吓我一跳，如此严重，怎么回事。

她说：“不知从什么时候开始，他吃饭一直吧唧嘴，震耳欲聋，让人作呕，我忍无可忍，一口饭都吃不下去，只得上楼。”

看她痛苦的表情，不像是在开玩笑。

在婚姻里，时间根本不是解药。它可以让回忆变得麻木，但永远不会忘却。它能让人习惯忍受，却绝不会变得幸福。时间在人的身上并没有水滴石穿的神迹，人是不会变的，我坚信这一点。结婚十三年的我和他依旧还是老样子，没头脑和不高兴。时间只是一台最可靠的测谎仪，用漫长如同机械般的重复日常剥掉知书达理的人皮面具。有的人会为了刚出生的孩子短暂牺牲自己骑哈雷摩托车的爱好，有的人则到死也不会把袜子准确地丢进洗衣篮。

那么究竟到什么程度应该放弃，是只要还有一点星光就咬牙坚持，还是撕开了口子再也无法破镜重圆？没必要提前给自己出这种难题，命运从不按你的计划出牌，到了放手那个瞬间，脑子里热血上涌，手脚发软，万念俱灰，你会知道。

统计显示中国离婚率连续十七年上升，我们80后更是自小看着家中的扭曲与狗血长大。恰逢社会剧烈变迁时代，父母中总有一个具有刚烈性格，喜欢大权独揽，经济上又十分精明现实。母亲们个个都与《都挺好》里的苏母有几分相似，父亲一发财就“包二奶”几乎成为20世纪90年代的社会现象。

我们会因此而自我警醒，不再重蹈覆辙吗？并不，我们经营婚姻的手段与态度，并未与当代科技同步进化，九成九脱胎于家中的耳濡目染，欺骗、钻营、相互利用，甚至有过之而无不及，毕竟房价比90年代又高了百倍千倍。我这个狗头军师，天天都在听人倾诉似曾相识的故事。

最多的仍是出轨。

该不该原谅他？会不会有下一次？还有，为什么会看上那种贱人？

人到危急变故时刻，担心的还是自己。从来没有人问：为什么？我们为什么会变成这样？

似乎只要婚姻这份契约仍在生效，里面的人就必须按照剧本乖乖演完。如不，就扣上“出轨”罪名。

可我们是人，七情六欲从来不守规矩，特别是孤独的时候。单身人士无法想象婚姻里的孤独有多么黑暗。

两个人每天面对面吃饭，却连一句话都没有，眼睛只看着手机屏幕。

一个人辗转反侧，另一个却在旁边鼾声如雷。

从外面回家，全身几乎虚脱，泪珠就在眼眶边上，开门只迎来一句“问候”：几点开饭？

这样去寻找另外的温暖，只是求生本能。

可极少人会换位思考，只道错便是错，从此成为终生污点，沦为家庭二等公民。或者用孩子做武器，“让女儿跟他，不让他和外面的女人过得太轻松”。

“可会想念？”我问。

“每一天。无尽后悔。不要报复，害的是自己。”

留，至少要有既往不咎的涵养与胸襟；去，是删除生命的错误选项，放自己一个未来。

即使是对的人，也会有错的时候。

美好爱情从不幻灭，即使他已不再是当年那个他，你仍然拥有彼此美好的模样。

妈虫

我的男神孔刘，隐居两年以后新演了一部电影《82年生的金智英》。名字不太“惹味”，但为了偶像我仍然兴致勃勃地看了预告片，感到有点意外。是寡淡得让我意外。跟孔叔过去的剧本相比，这次居然只是普普通通的中年人巡礼，衬衣扣到脖子下面第二颗的那种中年。更意外的是，原著是一部略有点流水账嫌疑的女性成长史，文笔平平不说，女主角金智英的人生里也没有什么柳暗花明。在同龄的我看来，与其说它是一部小说，倒更像是朋友圈里天天看到的未分组日记。

然而就是这样一部忘了加味精和辣酱，也没什么咖啡文艺气息的电影，在韩国居然引起轩然大波，不仅女主角遭

冬之蕴涵

捷麟（化名，自闭症，广州，生于 1994 年）

这幅画通过碧空雪山和地上的皑皑白雪，告诉我们季节的信息，近景中几棵树上跳跃的红色仿佛又提示着我们，严冬中的生命依然充满了活力。

到抨击，就连荐影的女艺人们都遭到了口诛笔伐，让人想起去世的女明星雪莉。有条留言让我印象深刻：“找女朋友首先问一句，看没看过《82年生的金智英》，说看过的全部不行。”这回愤怒的似乎全是男网友。

大概因为这样，女观众久违地同仇敌忾，给影片打出了9.6分的感情分。事实上，在此之前，未婚女孩子们也一样叫金智英这样的家庭妇女“妈虫”，一样笑她们只能靠老公养活。

中国的情况，大概也是半斤八两吧。

前几年，我好不容易重新坐进写字楼上班，每周一早上十点开始，中年“妈虫”才找到做人的乐趣，连去打印室跑腿都有说不出的快活。我的格子间与年轻姑娘们挨着，一开始她们懒得理睬我，是靠着不停请大家吃午饭喝奶茶，才慢慢得到接纳。二十多岁的女孩们不喜欢穿内衣，素面朝天画个大红嘴唇，同时拥有五个偶像，养五只金钱龟名字全都叫多多。有个小女生开始看我的公众号，说我的排版土掉渣，又教育我不要使用玫瑰花表情包。

跟她们在一起虽然新鲜，却也很容易自卑。

偶尔她们会放下身段来请教，比如新闻里报道产妇跳楼的事件，她们问：“生孩子真的会疼到跪下吗？”我说，当时我儿子的爸爸也在产房，他只看了一眼就晕血逃走。

女孩子们当即集体摇头，“真可怕，不如多挣钱少生产”。

真聪明。

我父母以前常说一句话："什么年纪做什么事。"可我却自打大学毕业便处处踏错节拍，过早结婚，过早生育，同学们都在拼事业的时候，我待业在家丧失收入，等到别人财务安稳打算当全职妈妈的时候，我却半被迫重返职场，要从头开始。

我和女孩们手挽手去买牛油果奶昔，坐在马路边讨论李圣经的口红色号，"四年二班妈妈"微信群这时候开始振动：

"今天的作业是一二三四五六七页，请家长监督完成。"

"明天教师培训停课一天，请家长安排好孩子在家学习。"

还有一条未读私信："Chase妈妈，最近他上课不专心，作业也没交，请你注意一下。李老师。"

瞬间被打回原形。

怪谁去呢？当初是自己要生小孩的。

儿子刚出生的时候，我是自愿做全职妈妈的，虽然明知无聊又辛苦，却觉得没什么比工作更受罪。寒冬的早晨挤地铁，带着严重颈椎病和腰椎间盘突出咬牙加班，这些都不算什么，最可怕的是每天准时到来的"5点半恐惧"，每天临近5点半下班时间，谢顶的男领导就会踱到我身边问：

"小曹啊，晚上没安排吧？"

陪跳交谊舞，被摸大腿，半夜11点打电话叫我去宾馆房间，竟然是一个985高校毕业生在国家喉舌机关的夜班工作。我难以想象只有高中文凭的女孩会遭遇些什么。有些事情，从来没人拿着刀逼你，可是你必须要做。

然而躲在安乐窝的好景并不长，儿子还没学会说话，女儿又出生，我延长了在家“服役”的时间，渐渐诸公开始十分自然地对我发号施令，连我妈妈都被教育，看你女儿，在家带孩子的人买这么多衣服做什么。

世界说是很大，却没有一处太平地方。

身为东亚女性，我们从小被教育“要懂事”“让着弟弟”“听姐姐的话”，即使能力出色，待人依旧要低眉顺眼。所以我不擅长与人发生冲突，但凡意见不合，纵使全身心厌恶，也不与之争什么公道。我亦不愿被人说“泼妇”“没有教养”，因此遭遇羞辱往往选择闭眼忍耐。即使如此我仍算幸运，至少是生活宽裕的“妈虫”，际遇差一些的，不少人只能远遁一线大城市，在听不到身后指点的地方独身、当单亲妈妈。孤身闯荡北上广深而最终幸存者，你我均知要蹚多少火海，杀多少牛鬼蛇神，每天都像过关，咬碎牙齿和血吞。我是亲眼看着自己的母亲这样走过来的。

每逢目睹以上，我都觉得奇怪又委屈，按照内心的愿望活着难道不是与生俱来的本能吗？像孩子一般，饿了就哭，困了就睡，十分心安理得，为何长大后反而变得畏畏缩缩了呢？为什么大家要这样心不甘情不愿地，集体去当82年生的金智英呢？明明只是肉体凡胎，社会却要你神通广大，如此没礼貌的要求，为什么就不能拒绝呢？

可是看看我自己的女儿，从小接受国际教育，父母给予思考自由，生活无忧无虑，这样的女性，居然也从小就擅长察言观色。她一早就知道，在更大的世界里，哥哥想要什么都更容易。

直到今天，做女人仍然很难，每一分每一秒都难。还是这样的。

面对这样的命运，女人的韧性之强，连自己都想象不到。

好友小伟，离婚后单身，也无意再婚，可是爸妈十分热衷撮合相亲，她从不抗拒，抽空在公司楼下赴约，“就当多认识个朋友呗，有的还帮我喂猫。”她笑眯眯。

与前夫不欢而散的阿策，带着儿子“净身出户”，最近再婚，夫妻恩爱，对方没有婚史，身家殷实，对继子也相当和善。旁人只道她使用了非常手段。她说：“我要亲身示范给儿子看，别把女人当大闸蟹一般，过了时令就要打折甩卖。”

年近四十一直没有结婚的大治，一个人住在酒店顶层，父亲为这独生女儿的终身大事几乎要心肌梗死，可她无所谓，照样两点一线到公司上班，忍着老爹的脾气，低头当他的上马石。她说："我脸皮厚。"

彼时当家庭主妇当到度日如年的我，正是受到大治激励，"厚着脸皮"向家人发布了如下友好提示：

"家不是公司，请把老板派头留在门外，家务一人一半。"

居然奏效。

从此我明白，正因为自小受教育，明是非，懂得善解人意，包容忍让，所以才更要为自己说话。

改变别人太难，那就先从改变自己开始。

阿云的故事

我读初中的时候，班上有个名叫阿云的女同学，瘦瘦高高，十四岁已经一米六七的个子，留着男孩短发，颧骨分明，戴一副斯文细框眼镜，有些儒雅书生气质。然而每次她一开口，总会让陌生人感到措手不及：声线粗暗，笑声豪放，我们教学楼是晚清时代的老房子，她的笑声从长长走廊的这头传到那头仍然清晰可辨。

除了这样的笑声，同学们经常听到的还有她的“咆哮”：

“喂阿诗！等埋我（等我一起）！”

“杨依婷你去士多店买了什么快拿来给我看！”

……

阿云成绩不好，但家里挺有钱，妈妈经常开小汽车来接她。我们这一代是独生子女，个个都是父母的金子宝贝，可是阿云似乎比其他人更受宠些，她喜欢追星和赶时髦，那时候少女间最流行的杂志是港刊*YES!*，阿云期期必买，里面有个栏目叫作《城市惊喜》，专门挖掘清纯漂亮的女生出道，被选中的女孩是所有人羡慕的对象，有一期隔壁班的菲菲雀屏中选，成为全校爆炸性新闻，只有阿云不以为然，她说菲菲“太肥”。如果班上有人对阿云的偶像陈晓东表示不感冒，必定会遭她痛骂“土包子”“乡下人”。有一天我穿着新买的耐克运动鞋喜滋滋走进教室，后脚阿云就踩着彼时卖到一千二百块钱的AIR JORDAN XII跟了进来，她边走边笑：“哈哈哈！你穿的什么烂鞋！”那高亢的笑声，从老教学楼长长走廊的这头传到那头。

正常人都会觉得这样娇宠的女孩子要躲得越远越好，可不知为什么，十三岁的我，还有很多和我一样普通平凡到别人不会多看一眼的女同学，却好像着了魔一般想要围在阿云身边。我们崇拜她的新潮衣着、她书包里的新杂志和她脚上的名牌运动鞋。被她嘲弄嗤笑的时候，我非但不感到气愤，反而对自己的品味感到由衷惭愧以及无地自容。我明明喜欢长头发古惑仔郑伊健，却要口是心非地夸陈晓东“靓仔”，因为我发自内心地认为是自己的审美不够高级，而经过阿云鉴定的Daniel Chan必定毋庸置疑。

但这些都不是最要紧的。让人无条件拜服的“阿云磁力”并不仅仅来自她身上这些昂贵漂亮的小玩意儿。“哇你脸上长了好大一颗暗疮”“这发型好衰！”以及“你该不会也喜欢高二的张敬轩吧！”是这种不留情面毫无顾忌的任性，让我这个不懂有话直说的人心里生出了敬意。与阿云相比，我太谨小慎微，太察言观色，每句话说出去都要紧张观察对方的反应，生怕逾界说错，被人冒犯首先检讨自己“哪里惹到他”，反对意见永远烂在心里。“不要给别人添麻烦”，这是自幼祖父天天讲的话，因此我从不在人前拔高嗓门讲话，只会半夜缩在被窝里偷偷流泪——因为害怕妈妈看到了担心。

阿云从来不管什么旁人。偶尔有同学批评她“讲话难听”，她只会毫不在乎地耸耸肩回一句“我就这样”。

我崇拜这样的坦荡和直率。

长大以后，我们当然知道耿直有时不过是刻薄的借口，聪明并不永远与正直同行，而鲁莽跟有种完全不是一码事，可我仍然会情不自禁地仰望快意恩仇，毫无理智。也许每个乖女孩都必须遇到一个坏男人，她的人生才会完整，所以你可以想象，我的生活至今仍然被臣服和自我批判所包围。无数文章试图打醒我这样的女人，作者们大声质问：为什么女人就必须是顾全大局的、委曲求全的、以柔克刚的？女人也

可以像美剧 *Marcella* 里的主人公那样，暴力、愤怒、不顺从、不让步。

可我的世界观是迪士尼搭起来的那座有银河划过的城堡啊。

在城堡里，从没有过一个杀人的女主角，连灰姑娘的继母都没打过人。女孩们个个纤细、美丽，眼波流转，善解人意。每个故事都关乎那只迷途的羔羊，但华特·迪士尼告诉我们，只有爱才能救赎自我。

就连那浪荡不羁的漫威宇宙，走进迪士尼以后也变成了“我爱你三千遍”。

这甜蜜的粉红世界，毫无悬念地成了女权主义的反面教材，这场旷日持久关于男女平等的争斗，从西方打到东方，从一开始的知识分子带头伸张权利平等，逐渐刀光剑影延伸到信息世界每个角落，新闻、影视、文学甚至娱乐八卦纷纷下场作战，逐渐音量盖过了是非，论战变成综艺。擅长撰写热血檄文的意见领袖与大力宣传“雌竞论”的畅销情感作家，均轻松吸粉百万，卖书卖课接代言，两派极端观点在变现的路上实现了殊途同归。剩下三十亿不掌握话语权的地球平凡女性，如今被迫在“独身主义”与“二胎妈妈”两者间做单项选择题。

这让我感到痛苦。

我再度陷入当年被迫承认陈晓东是帅哥的自卑之中：

善良是错吗？

包容他人是懦弱吗？

予人温暖是卑微吗？

想要独立和平等，就必须舍弃不轻易发怒，不计算别人的恶与恒久忍耐的信仰吗？

我分明看到Marcella的暴力来自她的创伤，是家人的疏远，爱情的破碎，还有失去孩子的悲伤，共同塑造出一个愤怒的角色。这样一个支离破碎的灵魂却被女权博主包装成勇敢的女性偶像，把她不得已的坚强和背后的伤痕渲染成自信的象征，这难道不是更加可怕的现代裹脚布吗？这套新时代的女德，又将会捆绑多少年轻女孩？

反而是那表面荒诞的雌竞论，相比之下倒显得比较诚恳。这本来是十分实用好用的爬梯工具，年轻聪明的女孩谁不懂得个中奥妙，却只有几个人敢于顶着被群嘲的压力公然开坛授法，按照男权社会的游戏规则，正大光明挣钱，一不偷二不抢的，似乎比岳不群们还好一点。

当社会不眠不休地讨论女性应该如何如何，渐渐地，女性好像不是人了。“她”成为我们身上唯一一种颜色，人们只关心女人应该穿蓝裙子还是黄裤子，而我们作为去性别的人存在的一面变得越来越模糊。一具人类肉身所面临的七情六欲一百零八种烦恼，被女权主义压缩成了男女平等这唯一一件事情。

每当公共空间里的讨论令我感觉快要窒息的时候，我又感到庆幸。因为除了迪士尼，这世界还有另一条广阔的银河可以看。她曾经说：“大概是因为我的名字，银河，我从小就喜欢仰望星空。”一想到自己在星空里是多么渺小，就会觉得生命一点意义都没有。你看清这个残酷的事实之后，才会知道应该怎样给自己的生命自赋意义。

多亏十多年前中山大学的社会学系还有开放学术氛围，让我在蒙昧时期知道了李银河。这位当代中国最早的女权主义者所带来的开化是凶猛的，在那样的年代公开支持同性恋、双性恋还有free style性生活；但她的开化又是和煦的，从来不龇牙咧嘴，而是笑着说人应该尽情去爱。李银河最近说，女权主义在中国已经被妖魔化，人们认为女权主义者仇恨男人，而且都是丑女，都是嫁不出去的老姑娘，个个都被孤独的生活逼得变了态。说这话的她本人还是老样子，圆脸盘上戴着金丝眼镜，穿着打扮和公园里遛弯的五六十岁老阿姨毫无区别，眼睛里也根本找不到先锋斗士的杀气。

别人狠狠骂她，她只是说“我知道他们是错的”，从来不龇牙咧嘴。

因为头顶还有这样的星空，每次当我被逼到墙角，心里有一万句话张嘴却哑口无言的时候，我不再感到委屈。回到家打开电视，Alan Menken的音乐响起，仿佛在对我说：

“不，你没有错。”

是爱、家人与友谊，构成了我们的故事。

迪士尼就是迪士尼，它永远不会变成梦工厂，而我也永远成为不了阿云。我甚至无法完全热爱《傲骨贤妻》里的Alicia，因为她没有接起Will的那通电话。我便是如此一个无可救药的、认为爱比自我更大的人。

勇气不在存异，而是求同。

忍让不是屈辱。

善良无损尊严。

口红心事

网上火了一个年轻帅哥，不是明星，也不是时尚博主，而是曾经在欧莱雅做专柜顾问（俗称“柜哥”），后来转战线上通过直播五分钟卖出一万五千支口红的销售奇迹李佳琦。“双11”之前，他成为登上时尚杂志封面的第一位素人——虽然他的身家早已超过二、三流明星。在这惊人的销售数字面前，我才后知后觉地意识到口红原来是这等让人迷恋喜爱的东西，连初中女生都能够随口说出一串当下最流行的色号：阿玛尼“小胖丁”403、YSL“斩男色”圆管46、网红人手一只的OFRA“迈阿密热火”，还有不到四十块钱一支的魔法森林RD03。光记住这些昵称和数字已经让我脑死，姑娘们却至少可以背出圆周率小数点后一百位那么长的剁手清单，难怪成就了年收入过千万的“口红一哥”。

我自己是不怎么涂口红的。一个原因是爱吃，反复涂抹十分的麻烦。同龄朋友亦很少追逐姨妈色、牛血色这些哥特潮流，毕竟需要开会见客，艳丽红唇又怕被同事质疑卖弄姿色，于是一支Tom Ford豆沙走遍天下，与冷淡的黑白灰Theory是绝配。年轻一代才不这样，之前与一间著名MCN机构的运营负责人见面，1994年生的女孩，迟到了四十五分钟才出现，穿露脐紧身小背心加滑板牛仔裤，涂紫红色唇膏，谈起生意来十分老辣，我等一众老饼大气也不敢出。另一位借助精子库当上未婚妈妈的连续创业者，每次BP（商业策划书）宣讲都穿超细吊带低胸连衣裙，这种被称作“slip dress”的裙子是从睡裙演变而来的，却被她称为“新一代商务装”。其实现在已经没有根据场合着装的概念，而我仍然对夸张的服饰敬而远之，生怕在人群中冒尖，如此夹紧尾巴做人，似乎和小时候崇尚日系风格有一定关系。那是个女性追求可爱、温柔、小鸟依人形象的时代，是亚洲男权社会的高光时刻。

就连我们父母那代，似乎也比我们大胆前卫。大家还记得“一片云”席卷中华大地的年代否，刘玉玲在《致命女人》里的big head造型，当年可是老少阿姨人头一顶。而映衬这黄金年代的最佳口红，应数ROUGE DIOR 999。这是我妈最喜爱的口红，二十几年终日随身携带，因此也是唯一一款我能牢牢记住的色号。完美对称的六角柱膏身，上下各面均以幼细的金边包裹，喷涂最纯正的宝蓝色，英文更动听叫作royal blue，所以它才叫烈艳蓝金唇膏。打开上盖，999号缓缓向上升起，犹如歌剧名伶登上舞台，倾国倾城，哪里在乎什么旁人目光。它是我最早的美学启蒙：什么叫作多一分嫌俗、少一分露怯的红，这就是。

我只涂过一次999号。那是小学五年级，趁我妈不在家的时候，掀开盖子直接往嘴上横抹。真的是瞬间点亮脸庞的魔法，既让一颗心陶醉，又产生了惶恐：这等美艳，该需要多么华丽的人生才能配得上呢？就像演艺圈已很久不出Elizabeth Taylor那么夺目的女星。我始终没有碰到必须请这支烈艳蓝金唇膏出场的机会。

直到2019年，我出差北京，去国家图书馆参加活动。那是四月末，樱花已经残败，昨夜窗外一场春雨带走了最后残存的旖旎。我和同事小袁窝在国图宾馆的双人标间里做流程核对，小袁刚熬了个大夜，虽然年轻，这会儿的面孔也有点黯然失色。我逐行逐行跟她过稿子，包括纠正使用不当的标点符号，过程十分漫长且无趣。忽然小袁站起身来，走到行李架前，从一个黑色小书包里掏出一管口红。

她举起那黑色小方条笑着对我说：“等一下，改稿子的时候，必须涂上我最喜欢的口红。”

“咦，”我闻所未闻，好奇地凑过去看，“什么口红这么厉害？”

“香奈儿CoCo 炫光92。”小袁一边回答，一边对着化妆镜涂抹。半分钟后她转过身来朝我招呼：“我们继续吧！”

那是橙红色的闪亮丰满嘴唇，把女孩脸上的阴霾一扫而空，连眼睛也恢复了亮晶晶的神采，简直像另一个人坐在我面前。

我情不自禁地“哇”了一声。

姑娘害羞地补充：“我平常一个人在家工作的时候，都涂这支口红。”

说罢，我俩继续埋头检查文稿，窗外雨点已停，一切归于寻常，可我的心里却地动山摇。

那迷人的红唇，竟然从来都不是为了红毯上穿着晚礼服的女星而作，而是为每日迈出家门就要扎进熙攘街道和早高峰地铁的寻常生命啊。

涂上我最喜欢的口红，也许在你的眼里我依然微不足道，可我看到的却不是那个平凡的自己了。

原来，像你我这样普通的人，没有华丽的、万众瞩目舞台的人，是可以给自己造一座舞台的。没人听我歌唱、没人为我鼓掌也没关系，我可以自己去点亮心里的那盏追光灯，就像独自站在巴黎歌剧院台上的孤女，我的灵魂自会为我喝彩。

原来每支口红，都是一个献给自己热烈的吻。

无题（蒙德里安变奏）

文文（化名，自闭症，杭州，生于 1994 年）

这幅画给人带来视觉的惊喜。无拘无束的天然美感源自一颗纯净的心灵，这也是很多自闭症孩子在绘画视觉上相通的一面。

舒服

迈进三十岁之后，舒服成为我最重要的追求。小至衣装打扮，大至为人做事，均不再以取悦他人而换取利益为目的，因此卸掉了许多烦恼，少见了许多不值得打交道的人，省掉了许多不必要的面子时间。只有一件事破例，那便是与读者的见面会。签书的时候我喜欢和读者脸贴着脸自拍，且勇敢地把一张大脸顶在前头，这近距离的见面需要较严格地管理皮肤和身材，因此口腹之欲略微受了一点罪。到了年末，所有工作了结，一下子放松下来，胡吃海喝了两个月拼命犒赏自己，读书运动统统荒废，等到过完农历春节，整个人就像一块肥肉般懒惰油腻，做任何事都提不起劲来。可见日子绝对舒服了也不好，还是外松内紧比较合宜。

所谓生活品质，首先要让这具肉体没有一丝紧迫感，但各位未必知道，这其实比在人前豪华阔气更加昂贵。一件FLEUR DU MAL平纹针织软杯文胸，价格可能是性感蕾丝胸罩的几倍，幸好现在还有国产品牌“内外”，两百元即能心胸开阔。基本款的衬衣和平底软鞋只有Phoebe Philo时代的Celine才算真正好穿，平价款Everlane的软羊皮“手套鞋”照样会磨破脚跟。唯有意大利产的墙纸才做得出不深不浅刚刚好的鸽灰色，贴上十年也不会翘起让人难受的边边角角，木地板至少要14毫米厚才能光脚走上去感到踏实。如果这些都无所谓，至少床垫和被套不能省钱。

于是开始怀念起纽约的生活来，彼时没有车，天天出门挤地铁，脸皮被寒风吹得发麻，回家只随便用温水洗洗再涂些面霜了事，相比现在的保养步骤可谓简陋至极，却不知为何衰老反倒减缓，8.99美元一大支的burt’s bees洗发水，照样洗出乌黑的头发，每天早晨二十分钟瑜伽替代掉昂贵的美容院和POLA抗糖丸，依旧眼眸明亮，皮肤发光。老房子的房门偶尔会关不拢，地板嘎吱作响，肯定不够14毫米，为了日后丢掉不心疼连床垫也只是买的宜家。在这样的蜗居里，生活非但没有因此塌下来，每天早晨出门，感觉都是比昨天更美好的一天。

说到底，人生的终点在哪，并不在于活着的时候孜孜不倦地干了多少。可是学校和父母从来不教我们这些，生怕年轻人就此懒散，不好好读书，不为生活拼搏。只有成王败寇，有钱任性，这样的鸡汤道理，才足够浪漫到让人忘却生老病死的痛苦。

我已经足够幸运，却仍然觉得活着是痛苦多、快乐少的。出生和死亡我们无法选择，长寿由基因主宰，天赋、性格、容貌多半是天生，所以，没有一种活法可以令所有人喜欢，尤其是家长和伴侣。不如索性认真做好一件自己热爱的事就好了——即便于社会无足轻重，旁人也未必赞赏——只要可以令自己从内到外舒服就好了。

别信那些道理，什么人生先苦后甜。事实上，甜就是甜，苦就是苦，我们骗不了自己。苦到最后不过是习惯。

另外，爱好不一定是特长，人还是要客观。

还是勤工的同时寻欢作乐，比较实惠。

救命神器

前段时间从全职岗位上退下来，实施弹性工作制，不用每天坐班打卡，多出很多自由时间，以前没空去干的事情现在终于可以做了，比如陪熊猫吃早饭，安心跟孩子们聊天，耐着性子帮他们批改作文。这些人都不在家的时候，我就看看书，煮煮汤，收拾花花草草，站在阳台看看白天的大海——大费周章搬的新家，不好好欣赏如何值回装修折损的寿命。

还可以一整天坐在书房里不被打扰地写作，真是过去从没享受过的奢侈了。

当“坐家”不全是惬意。没有稳定收入，在家说话立刻要低八度，还没正式辞工就已经被九岁女儿瞧不起，她跟同学说：“我妈妈特别闲，天天只知道睡觉。”我当然知道时下流行的女权主义是事业蒸蒸日上，家庭也一片美满，生完小孩马上穿着Victoria Beckham紧身连衣裙坐在第一排开会，必须达到这种水平才算及格，才对得起墙上那张文凭和美貌与智慧并重的人设。社会对摩登女性的高标准早已成为你我头上的紧箍咒，实在是害怕落伍，从此被当成家庭妇女，在女友饭局抬不起头来，又或者一旦丧失经济独立，有一天被老公扫地出门，会成为他人背后的笑柄。

无数女性是出于这种不安而工作，而更多人是靠工作寄托生活的勇气。走到哪里都不是VIP的普通老百姓，只有在工作岗位上拿KPI（关键绩效指标）说话，才感受到做人的尊严。女儿出生那年恰逢公司创业阶段，我每晚一摊烂泥般回到家，换上睡衣继续加夜班，包括给妹妹洗澡，给哥哥讲故事，排好一周食谱，检查儿童卧房的温度是否合适，孩子们的衣物用具有无妥善清洁，这才敢连滚带爬上床，再困也不敢睡死。

但我妈说，小孩都是保姆带大的，你累什么。

藤校毕业的女友小米，最近辞掉了设计师的工作改行做保险经纪，也是因为不用坐班。她说："我挣得不比男人少，照样被唠叨陪小孩时间不够，真不敢想若是伸手向家里要钱会是什么样。"

可就是有人会挑剔，当妈的为什么不能待在家好好带孩子，没钱就不要生小孩啊。女导游带着刚上幼儿园的小孩一起带团跑景点，会被游客戳脊梁骨说半夜11点还不收工回家，影响孩子睡眠，这种人不配当母亲。

又从新闻上看到一位跟我年纪相仿的母亲带着两岁女儿去面试，女儿在办公室外面等候的时候不小心从楼梯摔下身亡，这位新丧女的母亲被网友口诛笔伐至体无完肤。

凭自己一双手照顾家庭都成了罪过，要被钉在耻辱柱上投掷乱石，让人怎么活得下去？

索性不要孩子吧，比如哈佛毕业的老前辈饼干，夫妻俩鹣鲽情深，一条爱犬已经满足，立志丁克。结果是过年父母居然不让进门。

到最后还是只有工作。只有工作从不剥削情感，等比例回报是基本。即便工资不高，有月经期、倦怠期，时不时也要摸个鱼，可是只有工作不审判你，不歧视你，任何时候都敞开大门给你。

师太说得好，在生活上依赖人，又希望得到别人尊重，那是没有可能的事。

爱情的真谛是?

数码时代，手机几乎收藏了一个人的全部隐私，生活裸奔程度让人吃惊。前两天与朋友茶聚，随口一句“听闻某新开越南粉颇正宗”，当天打开外卖软件马上就收到了该餐厅的广告推送。香港秋拍预展上出现了一把我挚爱的20世纪50年代Pierre Jeanneret扶手椅，百看不厌，必须拍照留念一张，果然次日网购首页便十分体贴地弹出了满屏“高仿中古家具”。最夸张的一次，年度体检发现我的骨密度下降，医生嘱咐多喝牛奶，人还没走出医院，已经收到各种进口牛奶的短信。

从此再不敢当着手机的面行任何苟且之事。

前些天只身在西雅图出差，时差颠倒，长夜漫漫，打开朋友圈解闷。有人发了一个欲望分布心理测试的游戏，点进去围观，有人是赚钱，有人是美貌，有人希望扩展人脉。不禁自问：我有什么渴望？

赚钱？肯定不是，我虽然喜欢钱，但没打算为钱拼命。扩展人脉？小时候学过一句话，“两肋插刀就是两把刀都插在朋友身上”——来自一位德高望重的长辈。

至于美貌，现在科技昌明，AI（人工智能）定制+15分钟午餐式注射，轻松变身四千年一遇大美人，无须动用“渴望”这个词。

我的成绩是这样的。

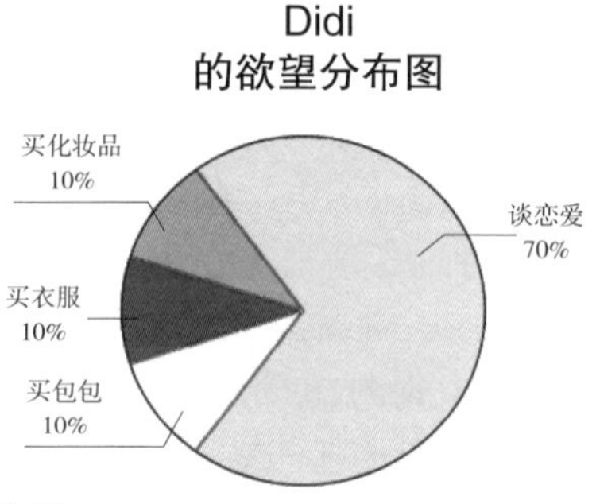

此图让我十二万分确信，手机比我更了解自己，没感情的东西原来最懂感情。

回家后我把这图传给熊猫看，本以为他会借此对我的这种当代弱智迷信实施降维打击，没想到他摸摸我头说：

“你本来就是恋爱动物啊。”笑容居然十分慈祥。

儿子凑过来八卦，表情却有点古怪：“妈妈你……你还想谈恋爱啊？”

我理直气壮回答：“当然！怎么，我就没资格恋爱啦？”

他挠挠头：“你不是都结婚了吗？”

我严肃纠正：“这叫歧视。”

我不是一个浪漫的人，“罗曼蒂克”这个词在我心里，约等于玛丽苏+做作+冤大头。烛光晚餐，情人节的玫瑰花，生日的惊喜礼物，总能让我闻到那让人狐疑的007式猎艳剧情——时髦一点讲就是PUA。而一起看电影，一起做饭，双人旅行什么的，重复十遍以后你就会发现，换成闺蜜其实疗效更佳，亲妈的好评指数都比男友要高。

所以我以前写过，只要肩膀上有脑袋，账户里有钱，就不怕。没有伴侣非但不会死，可能会活得更轻松。我的朋友、画家龙荻曾经这样讽刺爱情：“爱情不是主菜的时候世界就变大和有意思了……它只是韩国烤肉时候送的泡菜，好吃的时候很少。”

即便是最理想的爱情，从实用主义的角度来看也不过是一项休闲活动，可有可无。而从男女平等的角度来看，爱情甚至是对女孩的亵渎。

女性主义是时代的潮流，大势所趋。女孩们受了教育，信息通畅，又肯用功，早已能够右手仗剑，左手执花。我这一代还隐约觉得女孩不会数理化很正常，可到了我女儿这一代，10后的金刚芭比们几乎是全能脑袋。二十年前初中年级排名前十的都是女孩，一进高中文理分班就彻底反转，而现在加州理工的本科生男女比例是59：41，麻省理工是

54：46。有一日家庭晚餐，我回忆起往事，“过去我念书不错，不过因为我是女孩，所以没兴趣抢什么全班第一”。

这次换女儿严肃纠正：“妈妈你这叫stereotyping（刻板印象）。”

让大人羞愧至极。

然而社会的法则却没有与技术同步日新月异，从走进写字楼那一刻开始，依然有各路水鬼上来拖住后腿，想把女孩拉进泥沼：“还是个小女孩啊”“有没有男朋友”“什么时候要孩子”“加班出差你能行吗”。

我目睹无数女孩的命运轨迹，当她们叠加在一起时呈现出的规律竟是这样：

越能干，社会给的惩罚就越重。

你最好什么都不会躲在家里，这样的话，至少折磨你的只有家里那一人。

2020年初暴发的一场新冠肺炎疫情，全国学校关停，某大城市的教育局公开倡议，双职工家庭应以女方为主在家看护子女，一时舆论大哗。但真到了云上课的时候，又有几个爸爸坐在了电脑旁边呢。为了爱情，以及爱情那让人窒息的结晶，有多少女孩默默折断了自己的剑，又有多少女孩伤心地看着那朵即将盛开的花，在手心不甘地枯萎。

“你们两个在一起是要付出代价的。”长大以后我才觉悟，这竟然不是琼瑶小说里的台词，而是一句至理名言。

可我依然渴望爱情。

我仍然认为，谈恋爱是这个世界上最美好的事情。

我一个人生活了很久，什么家务都会做，可是唯独你帮我换的那个灯泡，我就是觉得格外的明亮。

我什么都不缺，也不需要那些不自然的仪式感，可我仍然好开心你送我一个十块钱的发卡。我要把你为我煮泡面的那一天当成我们俩的纪念日。

我有工作，有爱好，有朋友。我足够能干，不需要用婚姻和生育来交换爱情。可是这些都不能代替让我开怀大笑的那个人。

无论是一见钟情的心跳加速，还是朝夕相处的不可言传，爱情发生的那个瞬间，以及后面的无数个在一起的瞬间，我们的生命从此陷入了罕见的不平静。我悄悄望着你，渴望和你眼神交汇，我总是想你，你的每条讯息我都要读好多遍。在这之前，我的生活按部就班没有意外，可是今天，我的眼睛在闪光，我从没有像这样快乐而忐忑地期待明天的早晨。

就算这份心动只有我一个人独自感受，那我也足够幸运。因为遇见你，我前所未有地感受到了活着的意义。

爱上你的我，正在变得非常勇敢。

越是没法帮我挣钱、没法给我做饭、没法陪我消磨时间的虚无爱情，越是让我明白，一份纯洁的心意究竟意味着什么。

这才是比成功、独立、拿诺贝尔奖都要厉害的爱情。

在《少年的你》里，十七岁的陈念说，从来没有一节课教我们如何变成一个大人。她坐在郑警官的车上，侧头看着车窗上的雨水。年轻警官告诉她，考上大学就好了。

等我长大就好了。

等我能自己养活自己就好了。

那些重男轻女的陋习，吃人的观念和让人窒息的原生家庭，等到我们独立的那一天，就不能再对我们造成实质的伤害了。我们迅速忘却了少年时代那些不好的事，然而告别了过去，前路未必就是光明的。

吃苦，努力，甚至强大的意志，都是不够的。

太阳再炽热，黑夜也会降临，我们都需要一座灯塔。

那个从烂泥里拉我一把的人，让我能够靠一下的人，未必是童话里那温暖、明亮的模样。他很可能同样身处黑暗，可他却成了你的光，而你也成了他的。

永远不要放弃寻找这个人。

爱情并不是两个优秀的人相互成就。

爱情只是两个不完美的人在残酷的世界里抱团取暖。

我们是人，没有爱情，我们不可能幸福。

“让我点亮我的灯，”星星说，

“而绝不争论我这灯是否有助于消除黑暗。”

——泰戈尔《流萤集》

青春没有终点

我不怎么多想年龄这件事。我现在在做的多数的事都是发生在灵魂当中，对于灵魂来说年龄就基本上不是一个指标了，性别甚至都不是指标了。

——李银河

寻找桃花源

2018年夏天，全国书博会的主场回到深圳，那时我第一本书刚出不久，除了“王婆卖瓜”，还兼了一次祝勇老师新书分享会的主持人。祝勇是艺术学的博士，在故宫博物院担任影视所所长，新作名叫《故宫的古物之美》。我俩在刚落成不久极富现代化气息的深圳龙岗书城，聊着千年之久的古老文物。《故宫的古物之美》的封面用的是北宋宋徽宗的名画《瑞鹤图》，但书里令我印象最深刻的物事却是一件名不见经传的“龙首三足鐎斗”。名字很复杂，如果只让人看图说话，大家决计猜不出来它是干什么用的：它有一个阔落的肚子，三只幼细如羊蹄形状的脚，以及一柄精美绝伦宛若游龙的侧把。

祝勇说，这其实是个六朝时代士兵打仗随身携带的饭锅子，那三只脚是为了便于支在地上生火，锅旁边带个把手，可以说是十分实用了。

“啊，即使在行军打仗这么艰苦的条件下，一个普通士兵也仍然有美的追求呢。”我捧书感叹。

儒雅的祝勇老师侧过头来看了我一眼：“咦，看来你懂艺术啊。”话音里有些意外。

这当然是谬赞了。对一个没有受过艺术教育的人来说，触动我心弦的并不是这饭锅子背后严谨的史料考究，或者高超的古代青铜工艺。是这穿越时空的人间烟火让人动容，一个不知能否活着看到明天日出的小兵，这朴素的追求美的心意里头，包含了对生命的全部热爱啊。

我是有草莽英雄情结的。曾经爱到废寝忘食的是一部《水浒传》。那砍脑袋不过头点地的天然磊落，凌云志气，才是少年崇拜的海阔天空。年轻人不怕死，今天活得高兴就可以了，哪管什么明天的长短，突然死了便死了，除了对父母感到抱歉，似乎也没有其他遗憾。死亡甚至是终极浪漫的。比现在年轻十岁的我无论如何都看不出这青铜饭锅子的好处，更不能理解为什么祝勇要把这民间厨具与帝王的《瑞鹤图》放在一起。

都只是哀伤宿命的化身，徘徊红尘流连不去，于是神与形一同被保存在了时间的深处。

2019年的颜真卿日本大展，还记得我在东京国立博物馆里不吃不喝，站足八个小时，像着魔般一遍又一遍地看那《祭侄文稿》，看怀素的草书和李公麟的《五马图》。到了临近闭馆的时候，体力已然耗尽，两眼金星直冒，根本看不清旁注，也听不进耳机讲解，那时已不是用眼睛在看，而是精灵魂魄在同它们讲话。每一笔，都似明月星辰掠过心头。肉体恍惚支离间，无论是秀逸的王羲之，工巧的蝇头小楷，还是满怀深情的《自书告身帖》，仿佛都在低语同一句话：

唯有舍身，方能不灭。

2016年自纽约回国，转瞬已过三年。每一次盘桓异乡，总会使人陷入不太深却也不易拔足的迷惘里。美国的一切都那么熟悉，《狮子王》年复一年在百老汇上演，蜘蛛侠还在皇后区飞来飞去，经常看到麦当娜和Eminem出来营业。美国是不怎么变的。千禧夜晚我脚上穿的VANS和滑板裤，和今天“四字弟弟”身上的也并没什么不同。任何时候，嘻哈在那里，纽约时报在那里，Pasadena也在那里。

然而中国的一切却是陌生的。

离开不过七百多天，以前经常去的街角杂志摊没了，卖冰棍的小店，深夜的大排档，挂满背心短裤的老楼，全部都被崭新时髦的商业地产取代，只留下一座祠堂驻守。曾经一望无际的深圳湾，矗立起一排排高耸入云普通人负担不起的豪宅。国际大城市的街道，干净得不见一点小人物的痕迹。手机开屏的国产新专辑、新剧、新综艺，全是我不认识的面孔，唱着抖音神曲的浓妆少年，感觉给X-Japan（日本重金属乐队）提鞋都不配。我没想到“9012”年了还有人抵制歌词里头夹带粗口。

我当然知道这是傲慢，但我无能为力。

我九岁就离开了家乡，成年以后不曾在一个城市停留超过五年。我只知道有亲人的地方就是家，其他的，任其落花流水去吧。可是当这个讲着母语的地方竟不如彼岸让人感觉熟悉和踏实的时候，我生气了。我在心里骂。这是我出生的地方，成长的地方，第一次遇到爱情的地方啊！我骂我自己。这三年来，一只背包一个人，每年十万公里，我不知疲倦地奔向一个个熟悉或不熟悉的目的地，一次次满怀期待，却永远铩羽而归。

那时我并不知道，自己是在找一个回答。

灯火阑珊再好，早已经失了归处。

80后很多是喝着洋墨水长大的。在我们没有文化自信也没有防火墙的花路上，木村拓哉是全班共同的梦中情人，平克·弗洛伊德的《迷墙》必须排在老狼和张楚前面，而永远打不死的老鼠Jerry才是顶流IP。

所以我不知道自己为什么突然开始与古老传统的东西渐渐亲近。青铜器与书法，原都是我走进博物馆从来不看的东西。我开始在条案上写作，种兰花，焚沉香，穿大襟，用翡翠无事牌压襟。我只知道同这些老物件在一起，有相濡以沫的感觉。

你肯定说，是因为老了。不。我看着自己九十三岁的祖母，老了是乡音，是故土，是忘却当下，是越来越清晰的往昔。可我的童年里根本没有以上这些。

乙亥冬至来临的时候，朋友们纷纷往日本滑雪，我却想要游历红绿已然凋零的枯瘦江南。苏堤上有年轻女孩迎面走来，夸赞我的交领裙袦。我笑说，听《芒种》的时候，就会想穿它。

新的旧的，老的少的，美的丑的，精美的粗糙的，我才发现，一切都是中国的。

原来抖音神曲也有妙音，浓妆少年也有才华横溢，北斗企鹅才是人间理想。

我重新认识了“中国”这两个字包含的意义。它是红墙绿瓦的历史，也是每一天都在进化的当代生活。它是帝王心上的雨过天青云破处，也是年轻女孩唇间的流行颜色。这里有五千年不落的汉字文明，今天记载的却不止有华语的故事。它是国风国潮，是李子柒，亦是那些讲着流利外语、熟读世界史的游子心。

世间本没有完美的情人和桃花源。我们寻的，是永不分离的灵魂故乡。

钱买不到的快乐

经常听人说，Didi你别忘了，你的从容是建立在良好的经济基础之上哦。如果有足够的钱，谁都可以自由地生活啊。

那就谈谈钱吧。

不久前我正好在《第一财经周刊》看到一篇文章《挣够多少钱才能40岁退休？》从通货膨胀、投资收益率和人口学的角度去计算自由的价格。猜猜这篇文章的结论是什么？既不是2亿元，也不是200万元，而是“现代人并不想提前退休”。

哈哈，正是这样。

包括我在内的，数千万计在家写作、画画、教钢琴的人，退休大概就是死掉的那一天吧。

世界地球日那一天，女儿对我说：“妈妈，我是活不到80岁的。”

我骇然："为什么？"

她说，因为还没到那一天，地球就已经被人类毁灭了。

但她仍然每天无忧无虑的，比许多成年人洞彻。

我和熊猫结婚时，正好碰上中国一线城市房价起飞，而我俩从没有买过一套房子，朋友们个个扼腕："若是早年买他五六套房子，你俩现在还苦哈哈干什么公司，看看那些炒房的，现在都自称投资人。"确有不少例子，手上恐有五十套房，宁可不睡觉三部电话轮流接听也不能错过任何把事业做大做强的机会，雇两个司机，三个菲佣，四个保镖，打理大宅，维护游艇。

中国财富榜上几位有名有姓的叔伯阿姨近日操办自家大宅的焕新工程，偶尔交流一二，听到的全是气馁："五千万什么都没做出来""已经敲掉重来第三回了""没有信心了……"。这应了那句"天道好轮回，装修放过谁"。

说自由太远，说幸福太虚，有钱甚至阻止不了你家地板泡水。拥有五十套房子的深圳"拆二代"，根据深圳大学的调研结果，是吸毒和赌博的高发群体。

生活需要健康的现金流，真正身心自由，不能没有钱。不负债才能买到自由的门票。北京某电影大亨变卖自己收藏的艺术品搭救资金链断裂的公司，是一桩典型案例。想欣赏莫奈与德加，去美术馆就好，讲解、灯光、温湿度，样样都比私家周全，何必要据为己有？京都御三家之一的俵屋旅馆，每间和室悬挂唐宋名家真迹，仍然是绷紧了的风雅，不及山中的民舍自在。

风花雪月，本不在寸土寸金的一线城市。编辑、记者、作家，这些靠洞察人性吃饭的职业，见太多高楼起，楼塌了，不少人选择远走大理丽江，归隐于古老的少数民族村落。每次拜访，我总要感叹这真是极聪明的选择：边陲风光旖旎，藏富于民，家家琴棋书画，三坊一照壁、四合五天井，较汉人风雅更胜一筹，吃住成本却不及北上深百分之一，对并不阔绰的文人而言，无疑是有尊严的归宿。一位学历和家庭背景都不算顶尖的女朋友，选择在海滨城市厦门创业，两三年间实现了盈利。她跟那些奉行“996”（早九晚九、一周六天工作制）的创业者不同，经常和男友外出度假，学习插花，研究做饭。女孩喜欢穿带花边的雪纺连衣裙，说话柔声细语：

“再喜欢的工作，也不能取代生活的快乐啊。”

生活究竟是什么，一人一个活法，我没有准确答案。大抵说来，红尘岁月，奋力拼搏，鲍参翅肚，儿孙满堂，这是一类圆满。但说江湖潇洒，雁过无痕，拿得起放得下，其实花不了几个钱。

总是要选的。真什么都得到，代价就太大了，折寿也说不定。

“三杯吐然诺，五岳倒为轻。
眼花耳热后，意气素霓生。”

护手霜、羊毛袜、养生茶

又要出差。以前我是最不喜欢出差的，毕竟家里有“三个孩子”（你懂的）。这次却不同，我走得十分心安理得，隐隐觉得他们能够短暂逃离我的唠叨和管理，对双方都不是坏事。

离家四天不算短，我收拾出一个小箱子，坐上了开往北京的动卧。动卧的包厢有上下四张床，我和一个姑娘睡下铺，另外还有两位中年男士，其中一位甫进包厢就换上了酒店的一次性拖鞋，掏出一支水果味的软饮放在共用的小桌上。另一位坐在我的床边发了会儿呆，然后出去泡了碗方便面，在包厢外的过道吸溜吸溜地吃得香。似乎都比以前我碰到的旅客斯文一些。

唯独那女孩子，全程高度戒备，戴着耳机一动不动地躺在自己的床上玩手机，同时悄悄留意着另外三个陌生人的动静，她不时飞快地瞥我几眼，我也偶尔看看她，既没有饮料，也没有拖鞋和方便面，甚至连一瓶水也无，裹着风尘仆仆的外套和衣而卧，临睡前连洗漱都没去。应该是第一次出远门吧，我想，严肃紧绷绷的脸上还有些青春痘呢。她让我想起自己头一回坐卧铺回家的情景，也是这样害怕，一有男乘客靠近就全身直冒冷汗，因为担心行李被偷走，整晚连厕所都不敢去。

如今已是出差“老司机”的我，坐这个动卧主要是好奇，拿着手机在包厢里一通拍拍拍，某个瞬间恰好与那姑娘四目相对，我嘻嘻一笑，她却马上把头别到了一旁。

四个人都是单身出行，彼此没有话。看来是个安静的夜晚呢，我想。

为了让自己舒适地度过十一个小时的旅途，我准备了很多东西。上车前换上柔软的衣服和暖和的羊毛袜，气味清淡的唇膏和护手霜用于应付干燥的车厢。环保袋里有一盒刚出锅的豆角焖面、两袋湖南辣卤味、几个清甜的橘子，以及便携式黑糖和蜂蜜，冬天用温水兑开了喝下去，从内到外都会热乎起来。

末了我还捎上了《解忧杂货店》，这本轻松又温暖的小说，最适合漫长的夜晚看了。

经常出差的人都知道，长途跋涉天天睡酒店，这些都不是最累人的。被迫和五花八门的陌生人共处才是让人烦恼的地方。幸运的是，这回我的室友们个个干净有分寸，静静守着自己的一平方米，几乎不发出任何声音。吃饱喝足的我在翻动小说的间隙，也不禁在心里幸福地感叹，真是好久没有遇到这么克制的同路人了啊。只有偶尔，我桌上的焖面香味会引来一丝目光，次日清晨打开迷你蜂蜜的时候，连那位始终警惕的姑娘也忍不住好奇地看了好一会儿。

抵达北京后，我与一位同事合住。她较我年长十岁，“同居”的第一夜她洗完澡出来，见我正敷着面膜泡起了冰糖菊花茶，不禁感叹道，把自己照顾得真好啊。

其实就在不久的几年前，我还是那种出门只带钱包，走到哪买到哪的人，渴了就到便利店喝冰汽水，冷了就兴高采烈地跑进商场买新大衣，住酒店从来不带自己的毛巾和牙刷。那时候，我拥有很多的体贴和关照，走出机场已经有人站在门口等候，半夜饿了立刻载出去吃火锅，就连忘带内衣，洗澡前也肯定有闪送递到酒店。

那时候，我觉得被照顾是最幸福的。

而现在，我觉得能够照顾好自己更加幸福。

跟从前比，我现在更清楚自己今天吃什么会开心，明天穿几件刚刚好，哪间酒店的床我睡得最香，谁演的电影既轻松又有看头而不会让我怒摔手里的爆米花。我也更肯定地知道哪些话可以相信，哪些事能够期待，哪些人见了会高兴很久，而另一些尽管如雷贯耳也会让我扫兴至极。

“好好照顾自己”，我们每天都能听到这句话，爸妈说，朋友说，老公说。这是一句嘱咐，更是一种能力。我能照顾好自己，意味着我能够让自己快乐，我的幸福和愉快都牢牢地掌握在自己的手中。自此以后，我不会再因为父母无法理解自己的宏图大志而恼怒，不会因为得不到伴侣的体贴和宠爱而失落，不会因为女友另结新欢放了我鸽子而感到郁闷。当他们不在的时候，当他们无暇顾及我的喜怒哀乐的时候，我一个人照样吃得香，睡得好，容光焕发不摔跤，这既是爱我的人的解脱，也是我自己的解放。

之前我去东京做了一次体检，专门筛查早期癌症。每年一次精密体检我已经进行了五六年。每次都是一场检验我照顾自己究竟能打几分的期末考试，去年的问题今年有没有好好管理？今年又做了什么导致这个那个数据变差了？虽然也有几分运气，但过了三十岁以后，不管冻龄科技如何发达，身体里头基本是无法逆转也造不了假的。这次的报告寄回来时，我没有过往放榜似的忐忑，心里十分的平静。因为过去这一年，无论是身体还是别的，尽管没有惊喜，却也毫无意外；虽然未有重大成绩，倒也算在逆流中扎实前进。对于照顾好自己的能力，我第一次产生了自信。

结果确实很好。

因为学历而自信，因为穿名牌而自信，因为就职于大企业而自信，这都是常见的。可是我啊，只有当独自走在冷得粗暴的北京街头而怀里刚好有一副羊绒手套，当打开行李箱看见自己喜欢的睡衣和洗发水乖乖躺在里面的时候，才感觉到最充分的自信和不孤独。

我，首先是一个会爱自己的人。

灵魂下水

许多作者都喜欢写吃的，包括我。美食实在太治愈，哪怕还没吃到口，写写就已经好开心。

我不太follow蔡澜先生那样对饮食文化有深入研究的美食家，还是陈晓卿这样的业余资深吃货更对普通人的胃口，懂行但是人糙，不会教你吃鲟鱼子必须用贝母调羹，常见的只是街边的红油毛血旺、臭豆腐，用一次性饭盒盛的，深夜还要再来一碗“三高”爆表的盐菜蒸扣肉收尾。总之对全世界菜系非常博爱，它们的共同特点是油盐重，下饭，禁饿，是真正的劳动人民口味，深得我心。

我跟陈老师一样是动物下水的重度爱好者。这事要从小时候说起。我妈以前特别希望我长成大高个去当模特，所以想尽一切办法让我多吃。可能她喂得太迫切了，导致我提吃色变，看到饭碗就跑。只有一样东西每次我都主动包圆的，那就是爆炒腰花。这是湘菜经典作品，家家主妇都会做，我妈吃部队大锅饭长大，厨艺非常一般，但爆炒腰花的家传功底仍然十分了得：先剔掉腰子里面白色的腰臊，湖南话叫作“骚筋”，然后切花，淋香油抓匀腌一会儿，之后和青辣椒一起下热油大火爆炒，几分钟内腰花颜色由深变浅片刻就要出锅，否则老了发硬，生了又有腥味，只有刚好熟透的腰花口感脆弹，带着镬气，百吃不厌。

一直到我离家读大学之前，我妈每个礼拜至少给我做两次爆炒腰花，就这么吃了十几年，丝毫不在乎瘦肉精胆固醇之类的健康风险。猪腰子这东西并不好买，也贵，我妈总是提前跟菜市场相熟的肉档打好招呼，留着第二天现杀出来的给她——腰子一定要新鲜，颜色暗红的不好，个头太大的也不行，这道菜最难的是下锅之前剔骚筋的部分，要十分细心耐心，手脚不利索的人剔好一副腰子恐怕得花一个钟头。最近两年我妈眼神不如以前，在厨房里站得腰酸腿肿，仍然坚持亲自操刀，“这是最关键的步骤！”她说。

到了后来，我妈为了一举摘掉女儿“吃饭困难户”这个帽子，又沿着下水这条产品线研发了一系列菜谱。鸡心鸡肠鸡胗、肥肠牛杂黄喉，成功点燃了我对一日三餐的热情。我对鸡冠子和驼峰这些小众肉类的奇葩爱好，也都拜她早年启蒙。看到现在许多父母像管理修道士一样控制小孩的饮食，我深感自己童年的幸运。

可惜这些下水最后也没能成功让我变成刘雯，但我对它们不离不弃。第一次和熊猫见面，他请我吃北京火锅，我上来先点了一盘“鸡子”，击碎了男女之间的浪漫气氛。他接着又目睹我用筷子把鱼眼睛戳出来大嚼特嚼，于是再没有施展那些电视里常见的泡妞套路。结婚以后，为了避免给他继续带来视觉冲击，脑花和鱼头渐渐从我家饭桌上消失，馋的时候我自个儿偷偷跑出去开个小灶，他倒也知恩图报，每个月都主动陪我吃一顿小龙坎，毛肚鹅肠都点双份，自己坐在旁边涮豆腐。人声鼎沸的火锅店里一道道翻滚上天的热气，是我能想象到的夏天最幸福的样子，甩开膀子脱了鞋地吃，加上啤酒就有足够勇气面对明天。

长辈们也批评过，说爱吃下水属于腌臜，有时候甚至拿“玩物丧志”警醒年轻人，认为好吃、爱吃、讲究吃的人，长大多半没什么出息。我可一点都不在乎。难得有几分痴迷，是顾不得档次啊面子的。爱吃是如此平价而治愈的爱好，比起满世界打高尔夫和收藏黄花梨家具，请我撮一顿重庆火锅并不会让朋友倾家荡产，友谊也得以毫无负担地绵延下去。能够轻易被自己亲手做的两样家常菜哄得妥帖，而不用靠肉毒杆菌和逆来顺受努力维持婚姻的对象，才是真正爱你的人吧。如今同事们中午出去吃饭从来不问我意见，因知我必答“肥肠锅”，虽然面露嫌弃，但每逢我士气低落，他们总会走过来说：

“好了好了，带你去吃啦。”

马上喜笑颜开。

喜欢吃，于人于己都是一件幸事。

肥肠锅开在城中村，门口有家小卖铺，每次吃饱出来都会踱过去买老冰棍，三块钱一根，每次我都买一大袋抱走。结账时少算了两根，叼着烟斗的老板摆手，没事，拿去拿去。城市地皮珍贵，城中村这些年已被拆得所剩无几，打工一族被迫搬离市中心，租住偏远地区价格高昂的小区房。这一小片是最后得以保留的平民绿洲，也只有这里的小卖铺还在售卖如此便宜的冰棍儿。生活里的烦恼总是随着物价水涨船高，幸好还有便宜美味的食物，总能抚慰人心。

喝一杯吧

有小孩以后，生活里增加了两道难度十级的关卡：暑假和过年。

每年一进六月就开始苦苦盘算，这次要如何硬着头皮跟领导开口休长假，放假第一天早上，睁眼便会听到熟悉的叫喊：

妈妈你来一下！

中午吃什么？

今天去哪玩？

我可不可以去同学家？

晚上可不可以和××一起吃饭？

一天马不停蹄地跑下来，晚上11点还要走进我的房间说，妈妈我想喝热牛奶。

从来不敲门。

有一年带他们去纽约参加夏令营，本来我打的如意算盘是，上午9点把人送走，下午4点去接，中间有7个小时属于自己，可以写字、阅读、会友、看展。

结果却是这样：7点起床做早餐，碰上地铁频频失常，往往回家已经10点。又经常接到老师打来电话，妹妹忘带游泳衣、哥哥丢了便当等事故层出不穷，我抄起东西再跑一个来回。幸好中央公园旁边的热狗车全天候供应三明治，我才赶在放学前吃上了午饭。

我痛定思痛，从此以后逢暑假便举家搬进提供全天托管服务的度假村，在Club Med过上了你好我好大家好的生活。

到了9月1号，商场里人去楼空，食肆萧条肃杀，朋友圈却一片举国欢腾地晒书包、晒返工，招来单身朋友们一顿白眼：至于吗。

一定要做职业女性，宁可被那不应该有却一直存在的愧疚感折磨，不是因为有多重的事业心，而是工作乃唯一可以让我们理直气壮逃离家庭的借口。住在纽约的Jimmy是我见过最模范的爸爸，周末从早到晚陪小孩从来不玩手机。他说每个星期一才是他的休息日，虽然这天早上7点半就要进办公室，晚上8点半才下班，但这才是休息。

大S当年出过一本书叫作《美容大王》，那本书教育我晚上11点半必须睡觉，让肝脏排毒，皮肤才会好，人才不会显

少女心事

丽萍（化名，智力障碍，上海，生于1983年）

这幅画细腻而华丽，把微观的细节组合在一起。画中那位少女的形象及其周边所环绕的各种元素，似在诉说着某种心事。

老。可是有孩子以后，夜晚才是生活的开始。只有半夜我才可以安静地泡澡，看电视，敷面膜，和熊猫聊天。

过年的恐怖程度是暑假的双倍。当姑娘的时候，每年是兴高采烈地盼着过年。放寒假，睡懒觉，收红包。上大学的时候还会蹲守春晚，一段不落地直等到李谷一出来。结婚后，不仅自此与收红包无缘，年会还要被人力资源部连拖带拽地“请”上台，不摁五个零的微信红包别想下去。可这些都比不上保姆阿姨过年放假的杀伤力。独自带着两个娃娃挤春运，老娘一手一个大箱，里头塞满了送给亲戚们的雅诗兰黛、资生堂，站台里老远就能听见我洪亮的吼声：

“快点！！！”

虽然家里有爸爸妈妈姑姑姨妈舅舅，但他们逢年过节就要吵架，吵到连饭都不做，任由小辈们自生自灭。

是谁说，家人是港湾来着？

春节刚过，千呼万唤等来了复工，急召美甲师来家里修复身心。姑娘看着我面有菜色满手死皮的窘样居然笑出声来：“看到你们这些中年人，就知道上有老下有小多可怕。”

我父母那一代，责任心比我们重，也可能是要面子，从来不会跟子女说“我要休息”“我做不到”。他们不会把小孩丢在家，自己跑去吃火锅，唱卡拉OK，或者做个全身SPA。我以前一直不理解他们为什么那么喜欢做饭。有一位阿姨，明明有严重的洁癖，仍然每天戴着塑料浴帽和棉口罩颠勺颠得不亦乐乎。

现在我明白了，只因油盐酱醋，锅碗瓢盆，都只听我一人号令，不啰唆，不抱怨，也从来不问为什么。

厨房是治愈中年疲惫的神仙道场。

当然不能没有酒。呆坐居酒屋独酌，把手机关掉，不看邻座眼光，不闻隔壁八卦。

既没有很开心，喝一杯吧；

也没有不开心，再喝一杯吧。

喝着喝着莫名其妙笑一场，喝着喝着莫名其妙哭一场。

脚底飘飘然走出门去，借着酒力斗胆扪心自问：

我为什么走到了今天?

噢，是自己的选择啊。

“这个世界上，应该没有人，如果有机会恋爱，却宁可选择独身吧？”一个年轻女孩这样问我。

当然有，但那个人不是我。

不乏陪伴，才想清静。

总有归处，因此向前。

种花记

这两年爱上了种花。南方四季温暖，虽然湿度太高，但我家阳台阳光充沛，还算理想。农历新年过完以后，陆续种下了玫瑰、含笑、柠檬、桂花等品种。花卉市场里的绿植大多经不起细看，多是公司大宗采购的绿萝、富贵竹之类，唯独有一家店门口有棵两米多高嫣红的勒杜鹃，屋子里高低错落放几个紫砂红泥盆，栽着纤细的兰草和蕨类植物，吸引我走进。卖花的是个二十出头的重庆姑娘，我偷懒，尽让她帮忙选些耐热耐糙花期又长的皮实植物，不去招惹那些貌美但难伺候的品种。把花送到家后，姑娘发来信息，详细解释了浇水施肥的方法。有时花儿没精神，我拍张照片发过去，总是很快得到解答："可能是水多了""喷点多菌灵试试"。

在她耐心的手把手教学之下，每天早晨，我冒着脸上被晒出斑的危险，仔细照看着这些安静不说话的生命。即使品种皮实，自己戴上手套才发现工作量仍然巨大，挨个儿淋一遍水，修剪盲枝，清理枯叶，检查虫患，一个小时恍惚便过去，日光底下满头大汗，眼冒金星。还需用手机备忘录调好闹钟，每隔半月准时施肥——吃点荤，花儿们才肯盛开。朝夕相处了一段时间，我惊讶于草木的生物钟与天地循环间紧密但独立的关系：郁金香朝暮闭合，正午盛放，天晴时开，天阴天冷就谢了；夏季的海滨常有疾风骤雨，勒杜鹃的花朵轻飘得仿佛一点重量都无，每遭风吹雨打便落下一地缤纷，可是不到十天，转眼又是令人耳目一新的绚烂风景。我甚至没有见过它的花骨朵儿，那一串串蕊上镶着白色星星的红花儿，仿佛是从魔术师的帽子里直接掏出来似的，取之不尽，越开越多。

就这样边做边学，快到暑假的时候，居然队伍整齐，一盆都没阵亡，光秃秃的阳台渐渐成为花团锦簇、雀鸟流连的逍遥绿洲。虽然看不到它们的表情，听不见它们聊天，可是挺拔的躯干和饱满的绿叶每天都在跟我说，今天的天气合适，土和肥也合适，一切都是刚刚好。

日子不就是这样吗，貌似什么都没发生的时候，才是刚刚好的。

如此我才领悟为什么总把教师喻作园丁，这是踏踏实实的一分耕耘一分收获，更是世上难得一遇的滴水之恩涌泉相报。

你知道，除却读书、种花、健身，人间大多事是努力也得不到回报的。

玫瑰开花的那个晚上，我刚刚出差回家，饭还没来得及吃就跨进阳台，逐一和几日不见的植物们打招呼，轻轻触摸它们的花瓣，抚落身上的枯叶。突然我看到了一个玫瑰花苞，抬起头，又有一个、两个，好几个！它们躲在黑暗里，好像故意要给我一个回家的惊喜。这株玫瑰，天天让我头疼，不是叶黄就是长虫，或者不肯开花。

我欣喜若狂之余，更多却是惶恐："终于开了，终于开了……到底做对了什么，之前又做错了什么？"

明知好花不常在，却仍然止不住惧怕，今夜的花好月圆，明晨会不会就是红消香断。

少女看花落，叹的是"桃李明年能再发，明年闺中知有谁"的迷惘，而中年赏花，代入自己，看的都是绿肥红瘦，顾影自怜。

"道法自然"四个字，在这小小阳台上也略有参悟。

中年瑜伽

上个月初，我花四千九百块钱买了一年的瑜伽团课，次数不限，当然要经常去。那个星期六的上午，我第一次走进这个新教室，前台眼睛弯弯的年轻姑娘告诉我，周末的课基本满员，大家须将就着挤一挤。我嘴上回答“没事没事”，心里实际大喊“倒霉”，选这节中级流瑜伽就是想避开人多的初级班，唉。

虽然提前到了，教室早已坐了许多人。快速扫一眼，好的位置全被占了，只剩最远那个角落还有一块局促的空地。我小心翼翼地从人群中穿过去，铺开瑜伽垫，双手抱膝坐在上面，两个连通的教室一共来了二十几个人，都是女的。大周末居然这么多人早起，深圳人果然是太勤奋了。至于我，要不是不得不早起送小孩上芭蕾舞课，我才不会为了健身而放弃睡懒觉的机会。

老师没到，学员们正在各自热身，谢天谢地没有热情的中老年阿姨跟我搭话，我首先注意到的是教室正中间做头倒立的姑娘，二十五岁上下，身段丰满，个头很高。“真厉害啊”，我在心里赞叹。目光移到她旁边，一个古铜肤色的板寸短发女生正在做天鹅拉伸，腿上的肌肉线条十分硬核，却穿了一条花团锦簇的灯笼超短裤。

记得我练瑜伽到第二个年头的时候，每次热身时也喜欢高难度炫技，像今天这八仙过海的阵势，当年的我多半会拿出自己擅长的蜥蜴式和拉弓式来打打擂台。不过，那已经是四年前的事啦。如今的我，即使穿着堪比维多利亚胸衣般塑形效果的Alo Yoga高腰裤，依然能摸到自己侧腰藏不住的轮胎肉，而排在我前面那位看不到脸的小姐，腰身目测只有23寸。再往上看她的那片后背，我倒吸一口凉气：薄得像刚切出来的豆腐，真正的纸片人。啧，我咂咂舌，暗自庆幸自己占到了这个与世无争的角落，偷瞄一眼邻座，是个微胖白净面皮的女孩子，从我进来起她就闭着眼睛在打英雄坐，一副稳坐钓鱼台的模样。

离上课时间只剩两三分钟的时候，走进来的是一位穿着露腰小背心的中年女士。噢，居然有人替她提前占了座，就在离老师最近的中央位置。露腰女士的脖子很长，微微昂着下巴，她优雅地拿出自带的紫色瑜伽垫一寸寸铺开，指甲上的碎钻闪闪发光。

正在眼花缭乱间，老师来了。浓眉大眼，十分年轻，是个男的。

学员们马上纷纷坐好。

露腰女士徐徐开口：老师，今天不要太虐呀。

我的邻居闻声也睁开了眼，她把盘着的腿伸出来，脚趾上涂着大红色的指甲油。

老师面无表情问了一句："有没有人生理期？"见无人举手，他走到教室中间，"现在开始上课。"

一遍拜日式，两遍拜日式，然后是站立体式加串联，屋子里唯一一位男性、我们的浓眉老师半句废话也无，我便也收敛精神，目光内视，只张开耳朵聆听口令，再也看不到别人。不知道多少个Vinyasa之后，老师终于给了十个呼吸的调息，我垂头盯着自己的脚趾尖，听到教室里粗重的喘气声此起彼伏。体能开始下降了，但年轻的老师没打算罢手，他又招呼女学员们进入幻椅式。

幻椅式，瑜伽入门的基础体式。动作要领不多，不需要柔韧性，老奶奶也能做，但做好也不容易。我前面的23寸细腰小姐，身体柔韧度极高，前弯的时候她的脸和肚子毫不费力就贴到小腿，然而在做幻椅式的时候，她力量不够，屁股翘了出来，这是初学者最常犯的错误。可这天生的柔软仍然引起我的妒忌：练了六七年瑜伽的我，做不到的还是做不到。

在运动这件事里，身体条件就是一切啊。任凭我等凡人如何挥汗如雨，也不过像龟兔赛跑，眼睁睁看着自己被一个又一个天才轻松超过。与我同龄的慧敏，跟我一起学习瑜伽，可她腿长脚大，几个月就远超过我。还有自幼学舞蹈出身、三个月就拿到教练执照的朱曼老师，没有体会过普通人拉伸韧带时的痛苦。太不公平，我刚开始不甘心，憋着一股劲，“别人能做到的我也能做到”，结果却是扭伤了腰肌，右膝疼了大半年。做半月式摔倒过无数次，倒地时分明听到有个声音在头顶上嘲笑：怎么，还不肯认输？

所以我喜欢幻椅式。它是给普通人的、可以用毅力和时间到达完美的体式。

老师的声音这时在耳旁响起来：

“那位同学，你为什么不用瑜伽带？”

我抬起头，哦，叫的不是我。

老师走到一位穿湖水绿T恤的女学员面前，她的脸已经涨成了猪肝色。三角扭转侧伸展式需要双手在背后相扣，女学员使出吃奶的劲扣到了手指尖尖，身体像筛子般摇摆，咬紧的牙齿间迸出四个字，“我——不——需——要”。

我想起来了，这位女学员刚刚在做牛面式的时候也是拒绝用带子，结果脖子拧成了麻花，我在一旁看着都感觉自己要抽筋。

老师听到她的独立宣言，面无表情地走开，身后传来

“咚”一声巨响，湖水绿像巨人一般重重倒在地板上。

老师没有过去扶她。

“啊呀我也不行了！！”见有人倒地，我身旁的红指甲也坐倒在地。从这节课第一个串联开始，她的两条腿就抖得像被电击一样，十个脚趾好似彩票抽奖筒里上下跳动的红色球，实在让我无法不去注意。老师过来指导了三四次，她总是不得要领，完全跟不上节奏，全程一边做一边叹气：

“唉！”“唉！！”“唉……”

是的，想要做好运动，并不是四肢发达就可以。你看那些顶级运动员，脑子都极灵光，不然如何赚得盆满钵满。

随着最努力和最笨的两个人离场，这堂流瑜伽课终于到了尾声。终局高峰，是轮式。这教室里某几位同学争强好胜，轮式可算得上是华山论剑。上课前在教室中间做头倒立的优等生一马当先，噌噌几下就把自己拗成了一个大轮胎。板寸花短裤当然不甘人后，一个单腿轮式扳回一局。露腰碎钻女士娇滴滴地呼唤老师过去帮忙。余下的人几乎全军覆没，四脚朝天的叫苦声此起彼伏。

过去的我，这时候会想都不想就发起挑战，累了大半天，最后不得风风光光地结束吗。可是今天，我摆好手位试着撑了两下，感觉肩膀有点紧，手臂也有些酸。

怎么办，我陷入了矛盾。初来乍到，不露露脸吗？

老师走近来，这是他今天第一次跟我讲话：

“你怎么不起来？做不到吗？”

哂，长这么大，我什么时候举过白旗。

可我居然听见自己这样回答他：

“起不来，肩开得不够，我不敢。”

我说得很大声，全部人都转过头望着我——呵，一只菜鸟，隐约有人递过来一个讪笑。

优等生也听见了，马上从轮式又变成乌鸦式。

老师马上夸起她来：你们看啊，她比你们还高，比你们还重，她都可以做到。

众人垂头丧气。

我看着这一切，想起进教室之前瑜伽馆的老板跟我发来一条温馨提示：“记住，没有必要次次都用尽全力。”

真乃人间箴言。

再见，安室奈美惠

农历新年前夕的一个晚上，我自聚会尽兴而归，坐在车中仍然意犹未尽，于是摇下车窗打开了音响。那天也不知是谁乱动了频道，跳到一个我从未听过的电台，里面正在播放王菲的老歌《旋木》。这首歌还有一个英文版本，由Sophie Zelmani演唱，歌名*Going Home*。2004年我初到美国的时候，每天晚上都听着这首歌，沿一道看不到尽头的铁丝网回家，天高云阔，也是这般朦胧的、带些粉红而意犹未尽的夜色。然而我却怎么也想不起来为何这首歌没有继续单曲循环，似乎从某刻起我不再需要有人在耳畔打发寂寞。

可能是长大了，我心里想，也可能，是找到了另一个人吧。

从那天开始，我每天收听这个以前从未听过的频道，真是个神秘的电台，没有主持人，除了音乐没有任何其他节目。无论什么时候打开，它总在播放着20世纪90年代末那些我喜爱的歌曲：熊天平最好的专辑《雪候鸟》，年轻的陶喆、许茹芸和莫文蔚的歌。它甚至播过野人花园的*Truly Madly Deeply*，却从来不播周杰伦和那些一开口就“姑娘姑娘”的中国摇滚。有天当我听到Tension的《我们的故事》和杜德伟的《情人》时，我直接瘫倒在车子后座——这个电台会读心术。

都说十三岁的音乐影响一生，而这个电台让我彻底走不出青春期了。

就在我越发离不开神秘的电台时，它突然消失了。准确地说，它一夜之间变成了一个正常的广播台，大清早打开，里面传出一对年轻男女的声音，正用夸张的口气讨论社会新闻。我默默地听着，期待这个节目结束就会继续放歌，可是没有。下一个节目是保险广告。

再也没有千千阙歌了。

我又恢复到一个人安静地乘车的状态，其实车载音响也可以播这些老歌，可就是不一样，就是怅然若失。

以前我走到哪睡到哪，汽车旅馆也可以，经济舱也可以，靠着陌生的邻座照样酣睡，每天坐地铁上下班，戴着耳机，一边听歌一边饶有兴致地观察对面乘客们的千百种人生。然而到后来渐渐顶不住早高峰的拥挤和互相传染的咳嗽和喷嚏，如今去香港通关宁可坐在两地牌车里等大半个小时也不愿意花两分钟下地排队。一位长辈讲，他买私人飞机只是为着不被警犬从头闻到脚。

我们这些人，赚钱多半是为着“别烦我”这三个字。许是独生子女之故，一出生就必须学会独乐乐。再后来真正讨厌热闹，不喜接电话，只用语音短信。同大队人马出差，自己一定要掏钱住单间，心安理得地戴上不合群的帽子。

每个人的路，都要一个人孤独地走完，我始终这样认为，也这样告诉孩子们。

那么今天这怅然若失，倒是从哪儿来的呢？

我好似丢了个很好很好的朋友，他不告而别，就这么走了。我无数次想象，是谁在播音间挑选这些曲目，是一个人，还是几个人，抑或只是冷冰冰的电脑算法？我暗自希望是人类。一定是同龄人吧，而且和我一样，是个在南方长大的孩子——毕竟选了那么多粤语歌呢。我想知道究竟是什么样的人，让每一首歌都击中我最深处的内心。每天打开收音机就像当年进碧海银沙聊天室寻找一个熟悉的ID，迫切地、不动声色地、热烈地寻找。

这世界上能如此打动我们的人，从来就不多。

陪伴了我二十五年的安室奈美惠，在独自抚养儿子成年之际，正式宣告隐退。我没想到第一次见她的真人，她第一次站在深圳的舞台上，居然就是告别。

她淡淡地对台下的歌迷们讲：

“希望大家以后的生活里，继续有好的音乐陪伴。”

一点都不留恋。

她的脸庞依然像十九岁，有一点婴儿肥，大腿紧致，轻松穿着短裙和过膝长靴。歌迷们都已中年，深知如果没有终日苦练和胸中一口真气，万万维持不了这美妙的形体。

她登上舞台的那一刻，台下一粒粒胡乱飞舞的电子，全部向这闪耀的原子核靠拢。

我孤独地活着，只是不想再次失望。是想在遇到你之前守住一方净土，保管我心中的期待。

就算告别，这份美好的期待也不会消散。

妈妈，要不要吃块曲奇

周四，女儿照例要学琴。老师到家里来，教她一个半钟头的曲子，还有四十五分钟的乐理。对四年级的小学生来说，老实坐这么长时间不容易。但女儿是摩羯座，来者不拒，很少诉苦，因此她的课外活动越来越多，加上表演、比赛，整日马不停蹄，比她哥哥更忙。看她晚上九点才进家门，当妈妈的我心疼，试探问道："是不是少学一样？"回答永远是：再看看。

但是今天，钢琴老师还没到，她蹭进书房倒卧在我脚边，脸孔埋进沙发，靠垫里闷闷地传出一句："妈妈，我好累哦。"

平时像只老虎，今日像只猫一样。

我摸摸她的脑袋，最喜欢这少女云鬓，海草一般的浓密，波浪一般的柔软。我说：“要不要吃个冰淇淋？冰箱里还有豆腐花和椰子水。”这些都是她的最爱。

她抬起头，两眼放光，嘴里连叫“Yeah！”欢天喜地跑出去了。

其实我不太会哄小孩，面瘫嘴笨，也不懂什么儿童心理学。以前他们小的时候一旦哭起来，我只道是肚饿或尿湿，如果都不是，只好把小人抱在手里，拿过一盒纸巾，把不停新冒出来的泪珠子和鼻涕擦掉，完全哑口无言——反正跟他们说“不哭”也不管用。天气好的时候，我会抱着这一团鼻涕走到阳台，指着天上的云朵说，你看，多漂亮啊。

其实是在对自己说，做不好也请坚持下去吧。

身边不乏特别会带孩子的人，什么都玩得漂亮，军棋、乐高、画画、手工，把孩子摆治得兴高采烈，服服帖帖。又有那种乐于陪伴的父母，带着孩子爬山、越野、骑车、露营，活动丰富多彩。今年学校新聘的摄影师，仿佛口袋里有哆啦A梦的百宝箱，做鬼脸、讲笑话、比手语、唱儿歌，再内向的孩子都在十秒内破功，笑到见牙不见眼。每每看到，就觉得自己是块无可救药的愣木头，又呆又冷淡，还懒，小孩只好跟着邻居出去滑冰打球。跟这样的妈妈一起生活应该很无聊吧，所以他们特别渴望外婆到家里来，因她是个“笑话篓子”。

可惜我没遗传到这个基因，只好用笨办法。知道女儿今天的钢琴课漫长，就提前买好她爱吃的东西冰镇着，如果昨晚我回家晚了，今天就早早站在校车站牌旁边等他们放学。他们睡觉前突然说一句“啊，对了，妈妈，明天要带什么东西去学校”，第二天早晨东西一定整整齐齐放在桌子上（有时还真有点难度）。每逢儿子训练晚归，迎接他的是不健康但能使人类开心的奶茶甜点，加额外的脆波波。我是夜猫子，晚睡晚起，还有工作在身，但从他们三岁上幼儿园至今，家长会我确实做到全勤。凡有他们登台表演，即便是演一只最后一排滚过的瓢虫，或者赢得班级爱卫生三等奖，我也必定准时蹲在礼堂前排，拿出昔日当编导拍摄国家领导人的人肉三脚架水平，稳稳记录这些微小但重大的时刻。

儿子四年级第一次集体出远门，清晨六点全家顶着黑眼圈送小人儿登上旅游大巴，当然还是嘴笨面瘫，只会说，

“呃，注意安全”。

其实这些事情，对大人来说不过举手之劳，礼物也不是什么价值连城的，奇怪的是孩子们永远喜出望外，十分小题大做，收到一盒六块钱的“好多鱼”就紧紧抱住父母大呼小叫，如同天使一般。带他们去吃普通家常烤肉，明明已经去过好多次，还是要一边摩拳擦掌一边高呼：“谢谢妈妈！”每回出去旅行都会站在连锁酒店的大堂惊叫：“哇，这个酒店好漂亮啊！还有巧克力吃！”

前两天和女儿一道去健身房游泳，听见她在淋浴间里大喊：

“妈妈，我应该是死了吧！”

“吓？”

“这里应该是天堂吧！！！”

听得一旁吹头发的女客笑到呛水。

真是让人尴尬又感动。

并不是所有孩子都容易满足。我小的时候就矜持，要求也高，寻常东西不入眼，极少有喜形于色的时候，不是轻易被取悦的类型。

这个夏天我参加了一个学习非暴力沟通的工作坊，小组讨论谁是自己最佩服的人，有人说是自己的上司，有人说是自己的大学老师，有人说是多年坚持做公益的朋友。我说，我非常佩服我的儿子。

大家一听还以为他是什么天才儿童。

我摇头：他头脑中等，学习、运动都是中等，但他是我见过的所有人，包括成年人在内，最愿意宽谅别人的一个。同学恶作剧捉弄他，妹妹打小报告欺负他，我发脾气惩罚他，他都不记恨。下次我依旧控制不住情绪发作，他仍然不见怪，还反过来安慰说：“妈妈你不算凶啦。”

我一直以为，每个人的善良都是有底线的，可他没有。我只有在他做得好的时候才对他和颜悦色，可他对我却不是这样。他每一次都选择看人美好的一面，不带任何附加条件。

大家啧啧称奇。

我和熊猫都是心思细密、善于察言观色的人，从小就把大人耍得团团转，却偏生出这么憨的孩子，难免经常挑他们的刺儿，嫌他们脑袋瓜笨，成绩不好，咋咋呼呼，等等。可是唠叨了这许多年，憨的照样是憨，他们听多了也烦，却不顶撞，喊一句“作业还没做完”便溜之大吉。每晚四个人围桌，这边厢苦口婆心讲大道理，那边厢嘻嘻哈哈埋头吃肉，好似在不同次元吃着同一桌饭菜，直至亲爹说起昔日威风史入戏过深的时候，他们才憨笑着发问：“这么聪明你咋没考上哈佛呢？”

相比为了讨好父母拼命考试，长大后却轻易被社会动摇三观的三好学生，憨儿却异常坚定。他情愿吃亏，也始终选择对身边随处可见的抖机灵视而不见。憨儿不傻，他甚至知道，爸妈并不会因他“愚钝”而惩罚他——他对外婆说，爸妈只是啰唆罢了。

有一天我下班回家，看到两只躺在沙发上看电视，作业零食撒了一地。立刻音调高了八度：

“谁让你们看电视的？作业做完没有！”

两个人一咕噜爬起来，嘻嘻笑着过来搂着我道：“都做完啦。”

“妈妈我好想你啊。”照例黏人。

“切，少来。”气已消了大半。

“妈妈，你要不要吃块曲奇？”女儿突然问。

“什么？”

“老师今天说，人有时候发脾气是因为缺糖，记得那回你给我留的冰淇淋吗？我吃了就不累了。这曲奇甜甜的，你咬一口就会开心喔。来，张嘴——啊——”

嗯，我咬一口，真的超甜。不怎么健康，更不利于抗衰老。但是，的确甜。

中年可怕吗？当然。上有老下有小辛苦吗？非常。但换个角度，我也吃到了很多糖。

人生安得常少年

1月22日，本来我们一家应该坐在回长沙的高铁上，到站后应该先去扫墓，然后回家吃年夜饭。“你们一发车，我们就开始和面包饺子。”姨妈在电话里掐表。我期待把小孩“快递”到爸妈家的日子赶快到来，这样就可以去京都北边的大原待两天——好久没有和熊猫两个人去旅行了。天寒地冻的地方我最喜欢。要不要买几件新衣服带出门拍照呢？啊，人不在家狗怎么办？阳台的花会不会旱到？

那时候谁能想到，这口饺子到了今天——棉衣换成了短袖——还没吃到嘴里，离我300米远的星巴克比3000公里开外的山村更加遥不可及，每周一吵得我睡不好觉的小学操场真正沉寂下来的时候，原来像世界末日一样可怕。

武汉封城那一天，深圳的海底捞依旧人山人海。我们是唯一一桌戴着口罩进去吃饭的顾客，大家只不过在照例抓紧享受一线城市最后的繁华，毕竟每年这个时候，阿姨、按摩师、美甲师和美发师都回老家了。我们以为退掉高铁票不过是处女座的杯弓蛇影。大年初八一过，所有人都会回来继续“搬砖”。

那时没人能想到，有些人再也回不来了。

临时取消春运计划的我们面对家里空空如也的冰箱，去吃了一顿椰子鸡当年夜饭。点的还是上个礼拜的“老三样”，甚至都没多加一份腊味煲仔饭助兴。到家打开电视迎接春晚的时候，连《新闻联播》都还没开始。深圳的春节向来就是如此，寡淡，冷清。从前在外婆跟前守岁，男女老少一起放二踢脚，说吉祥话，我恬不知耻跟在未婚的弟弟们后头抢红包，妈妈大姨舅妈们集体戴着一次性浴帽在后厨包饺子，这才是除夕该有的样子。而这次的《欢乐今宵》我竟然第一次和孩子们一起从头到尾看完了。妈妈第一次双手干干净净地坐下来嗑了两大袋瓜子。大人喝了小半瓶茅台，小孩也抿了两口，辣得要去洗舌头。

熊猫说：“你家过去那个满汉全席真的很惊悚，今天这个乞丐版年夜饭是我有史以来吃得最开心的一次。”

没有一万响的鞭炮，大年初一的早晨暖和得不像冬天。我站在阳台浇花，往街上望去，一个行人也没有。“好像不是我一个人冷清，而是所有人都各自在家冷清着”，这种想法终于让我觉着没那么寂寞了。桂花要开了，柠檬树冒出好多嫩芽，老狗的干妈发信息过来："你家老姑娘这次不用颠沛流离咯。"狗是真的肉眼可见的高兴。每天蹦蹦跳跳黏着我们要零食，我甚至好像看到了"她"笑嘿嘿的表情："居然一屋子人哪儿都不去在家陪我哩，哈哈。"可也就是那一天，我和熊猫去了最后一趟超市，青菜和猪肉被一扫而空。抢菜的都和我一般年纪，上有老下有小，不是大爷大妈。初三早上我接到外卖小哥的电话，说小区不让进。被他的电话叫醒以后，我看了一眼新闻，科比去世了。我又继续看了各种新闻。医护条件不好，有人病了但医院住不下，美国一个篮球球员死了中国人起哪门子的哄，等等。切到朋友圈，公益同行们在没日没夜地搞物资，几个金领精英在发精修过的海外旅游自拍，我删了几个突然转行卖口罩的。

我大哭了一场。哭出声音那种。哭十几分钟累了，歇一会儿，又继续哭。简直是哭脸马拉松。我震惊于自己居然还能流出那么多眼泪。哭完才清醒过来，知道大年初八是绝不可能回去"搬砖"的了。没过两天香港就落闸了。小区开始禁止外人出入，我妈每天只能趁下楼丢垃圾透个气。熊猫和我交替下楼拿快递和肉菜，儿子负责遛狗。这是我们几个和平相处最久的一次。相比楼上邻居家三个孩子天天被父母混合双打，我家的两名小学生每天雷打不动9点起床做作业，熊猫抢着洗碗，我在书桌前一坐就是五六个小时，码了十万个方块字。和谐程度几乎可以用举案齐眉来形容。所以当学校第三次推迟复课日期的时候，全家竟然没有人崩溃。

虽然这场空前的举国隔离已经结束，但人们的生活方式却永久地被改变了。我们开始尊重和感激那些平时不怎么留心甚至还会去欺负的人。如果没有种菜养鸡的农户，没有快递员、外卖员，没有物业保安，我不可能坐在家里写这些东西。很多理所当然的事儿是因为一些没有姓名的人在日夜维持，这一点只有社会停转的刹那你才会发现。SARS的时候我在上新东方，每天上午8点到下午4点，放学路上只见到人们抢米抢油抢板蓝根，没有人在乎住在香港淘大花园里的人是不是痛苦。可是今天，绝大多数人选择留在原地度过一个寡淡冷清的庚子新年，每个人都在为了保护别人而努力忍耐。很多人开始思考，一份月薪三五千元的工作的价值，可以只用工资来衡量吗？不在疫情一线的普通人比如你我，除了捐钱还能做点什么？因此作家写出了武汉的心声，媒体和博主帮助更多人获救，很多业主减免了租金，企业还按时发工资。而我们平安健康地活着，随手送出一只多余的口罩，也觉得自己为社会做了些微贡献。我们已经很久，或者从来没有过，用这样的角度去判断自己的价值和所谓“人生成就”。

我们发现，原来自己还可以花更少的时间社交，买更少的东西。原来，真正给我们带来安慰的朋友并不是平常的“饭搭子”。在口罩全国断货的时候给我寄来一箱口罩的人，我每年只见两次。

住在买菜、吃饭、出行方便的地方很重要，小孩不上课外班才是母慈子孝的关键。这些全新的生活真相是我不认识的人用日以继夜的工作，与幼小的孩子或怀孕的妻子分离，甚至自己的性命换来的。陌生的人和人也是紧紧连在一起的。而当那么多生命和幸福消逝之后，剩下的你我，已经不可能还是原先的那个人了。

每个人，其实都在为别人承担活着的重量。

希望你平平安安，有信念地迎来每个早晨。

青春没有终点

2018年，中国互联网三十岁，作为成长于互联网1.0版本的中国人，我还记得自己初次联网是十四岁，因为疯狂喜欢《还珠格格》，而剧组很新潮地推出了官方网站。为了下载尔康和紫薇的照片，我找遍了广州的网吧，十六块钱一个小时。那时候还没有不可逾越的防火墙，还珠的网站服务器在台湾，用电话拨到海峡彼岸，两个小时只跑出来不到十张照片，文字全是乱码。即便如此，我仍然一发不可收拾，背着家里偷偷去电信局开了个账户，从我妈的卧室拉了一条二十米长的电话线到客厅的电脑上，开启了八块钱一小时的冲浪生活。我是第一批支付宝用户，拥有一个五位数的QQ号，是网易BBS（网络论坛）的骨灰级版主。

熊猫说，如果不是你好吃懒做，应该早就当上宇博了。

可我从来都不想红，出名就丧失自由，我七八岁就认定这个道理，可谓早熟得莫名其妙。尽管主观意愿如此，在互联网还没有充分刺激生产力的阶段我貌似是红过的，借力一批70末、80初媒体工作者漫不经心的创作，博客中国火了。我在那里每天写点吃喝玩乐的肥皂文章和发自拍照片，轻松获得了百万点击量。只是像熊猫说的，我并没有借此变现，可谓白红了一回。

我不是个例。当年有那么一批网友，比如西祠胡同的版主和猫扑的up主们，是真正饱学且才华横溢的意见领袖，我只有追在他们后面崇拜的份儿。可是最终走进现实世界获得成功的好像只有韩寒，就连当年明月也没有继续他的“那些事儿”——他选择留在仕途辗转周折。

我相信，这也是他的主观意愿。

相较如今的流量为王2.0版本的互联网，我很想念这些只有ID而从不露面的人。那时的互联网毫无戾气，无论你是高级版主还是菜鸟，ID们会毫无理由地彼此信任、关心。字节跳动的温柔不会因为头像旁边没有金V而变得冷淡。极个别与我面对面见过的网友，有的成了我的挚友，有的是男友，其中一位最后还成了我的丈夫。至今我们大家仍以过去混BBS用的ID互称，以纪念相识于微时。

那时候的互联网就像青春，只有热梦，没有愁烦。

有一天我女儿兴高采烈地告诉我，她在视频网站发现了一个超级好看的动画片《哆啦A梦》。她不知道除了藤子·F. 不二雄（实际上是两个人）之外，这世界上还有鸟山明（《龙珠》）、尾田荣一郎（《海贼王》）、井上雄彦（《灌篮高手》）以及车田正美。怎么能怪她呢？她出生在保护国产的时期，电视里只有灰太狼。2019年的事件级国产动画片《哪吒》观影人次超过一亿，社交媒体惊喜赞叹声浪浩大，年轻一代的民族自豪感不点自燃，然而70后、80后却兴味索然，走进影院多是为打发自家因为暑假而闲置的学龄儿童。多年的朋友、作家许佳在朋友圈发言："就叛逆孤独无人理解这唯一的闪光点，都无法与小时候看的《哪吒闹海》相比。人家那叛逆是与人情、父权、孝道通通决裂，而这个新哪吒呢？只有漫天鸡汤。"我还清楚记得，五六岁那年，也是这样一般的盛夏，对着一脸正义的托塔天王说完那句"爹爹，你给的肉身，我还给你！"之后拔剑自刎的哪吒，荡气回肠，振聋发聩，使蒙昧的黄口小儿内心也遭到强烈震动。

安定不久的世纪末，80后获得思想先于物质的解放，幸运地看到不把婚姻当回事的《过把瘾》，既不尊老也不爱幼的《我爱我家》，听到了梁左时代的相声和窦唯时代的黑豹。他们其中任何一个都比如今动不动气死同行的郭德纲更泼辣。那个时候，荷包里没几个子儿的中学生走进校门口拐角的盗版唱片店，只要饿一顿中饭就能买回两部电影光碟，不用查豆瓣影评，闭着眼随便拿一张都能洗刷灵魂。

时代消逝，而影音留存。可怜博客中国因为懒散经营落了个灰飞烟灭的下场，网易则吝啬到没有在服务器上留存一点BBS的痕迹。就在不经意间，昔日友爱和平的互联网悄悄蜕变为由精英统治的现实世界延伸版，由权威人士组成的意见领袖群，比如身背央视金字招牌的罗胖，源自《外滩画报》的“一条”。科技所带来的精神世界的改变，大抵是这些人的性格比以前随和了些——看在钱的份上。

聪明人和蠢人的根本区别在于，前者知道自己有多幸运，赚到了时代的智商税，而后者却以为成功全靠自己才华盖世。

过去的人五十而知天命，如今科技拓宽了人的眼界，也缩短了精神生命的进度条。不到四十岁的我们已经看清了命运的套路，不再发朋友圈，不再去餐厅和景点打卡，也不再活跃于社交场合。太阳底下没有新鲜事，要说有，也差不多都是抱怨了：千篇一律的五官，让人尴尬的连续剧，吃Phoebe Philo剩饭的时尚圈，以及靠装修而满座的餐厅。

然而我不愿论断这个时代是变坏还是更好，年轻时一无所有的自由派，终有一天会变成保守的有产者。变的不是这代人，只是阶层立场。中年人阅历丰富，身居高位，精致、讲究，却未必有广阔胸襟。人类的历史也许进两步退三步，但最终是靠着一代代年轻人，凭着热爱、相信和鲁莽，为它带来今日的文明。

一个下雨的夜晚，我和几个大学同学在老南山巷子里头一处饺子店喝酒，这家的海胆饺子十分新鲜。店里没有其他客人，一开始放的是轻快的电子乐，随着雨夜渐深，我们几人聊得沉重，不知什么时候换成了宋冬野和马頔。走时我们略感抱歉："待太久，耽误你打烊。"

老板笑笑："听你们聊天很高兴，现在大多数客人只玩手机。"

我说，那也是他们聊天的方式。

既然不打算努力跟上时代，那么互相包容，克制对外输出自己"过时"的品味，也算体面的谢幕。

开明的意义是承受异见。

自由的另一面，应该也允许我们守旧吧。

生活里少了谁天都不会塌掉，值得留下的也不是大道理和臭鸡汤。再正当的理由，一旦成为胁迫、攻击、互相伤害，也算不得正义。

我们更愿意远远欣赏属于下一代的、粗糙但旺盛的生命力，就像上一代给予我们的一样。

紧得喘不过气的裙子和磨得脚跟破皮的高跟鞋，如今都不属于我了。现在坐在手冲咖啡店里真正闻见空气里的香味，旅途中抬头与对面站台上的人相视一笑，真是太好了。一个人独享两人份的炸猪排加highball，吃完满足地抹抹嘴接小孩放学，外面在流行什么跟我有什么关系呢。

如此我才明白，为什么亦舒的女主角永远只穿黑白灰和开司米——旁人目光有什么紧要，过气了又如何，只要舒服地待在自己的角落就好了。

天大地大的互联网，我们曾在这里遇见过彼此最好的青春，如此便已足够。

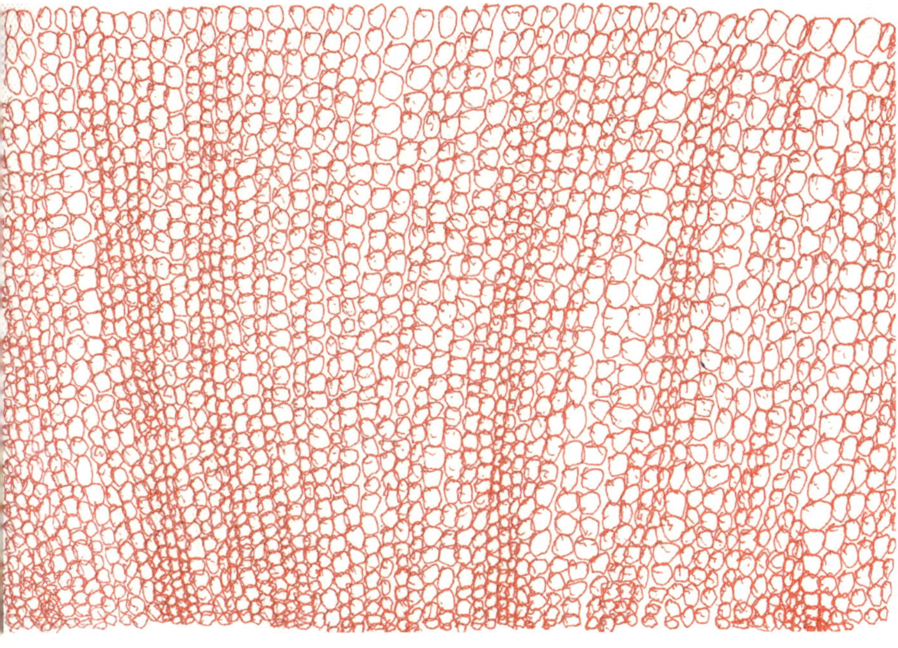

无题（0627）

鸣儿（化名，智力障碍，杭州，生于1986年）

这幅画中密密麻麻的“豆豆”，看似单调乏味，色彩表现抽象，其实体现着画作者独特的生命韵律，是富有研究价值的原生艺术作品，特色鲜明。

彩蛋

“善良比聪明宝贵，美丽比实用宝贵，开心比博学宝贵，纯粹的热情比社会性的功利宝贵，好奇比经验宝贵，一往无前比深思熟虑宝贵，过好眼前的每一天比操心不可知的未来宝贵。”

嫁给天才

在浩如烟海的美剧里，我从头到尾追完的并不多：《豪斯医生》（*House*）、《绝望的主妇》（*Desperate Housewives*）、《波士顿法律》（*Boston Legal*）、《傲骨贤妻》（*The Good Wife*）以及《权力的游戏》（*Game of the Thrones*）。要说剧情带劲肯定是《权力的游戏》，励志正能量首推“好老婆”（*The Good Wife*），但和我最有共鸣的却是《生活大爆炸》（*The Big Bang Theory*）。

你们肯定想，你一个高考数学最后三题直接放弃的文科生能和那些学霸有什么共鸣？你的本命剧应该是《绝望的主妇》吧！其实我是和Penny[①]有共鸣。

① Penny是美剧《生活大爆炸》中的人物。

对，就是那个文化程度和智商双双被谢耳朵[1]怼了十年，典型的无脑金发妞Penny。我和Penny一样，凭着90的智商和二百五的勇气同一个天才以及他的天才小伙伴一起生活了十几年。

还记得谢耳朵是怎么介绍他自己的吗？十一岁大学毕业，十四岁拿博士学位，有过目不忘的超能力，当他拿PhD（博士学位）的时候，他哥只能得STD（性病）。

我的这位伴侣，九岁进超常班，十五岁得到奥数金牌被大学破格录取，如果他不放弃博士学位的话，应该二十四岁就成为张博士了。总之跟谢耳朵比，算是个低配版天才。我们认识以后，他对我说的第一句话是：我，智商150。

可惜我当年没看过《生活大爆炸》，如果当时就跳起来逃跑，人生不会像今天这样备受打压。

据说天才在见到我的瞬间就爱上了我，而他向我表白的方式居然是展示他的优秀。我们第一次约会是在伯克利的山顶，爬到山顶后，他向我抑扬顿挫地朗诵了一首完整的《岳阳楼记》，据说他三岁就会背了。两人坐在车里看落日，周围群山环绕，特别浪漫，结果他问我："你是哪个学校的？"

我回答："中山大学啊。"那时候我读大三。

他："哦，从来没听说过。"

---

① 谢耳朵是《生活大爆炸》中的物理天才。

我噎了一下，“就是……国内还不错的大学”。

他：“国内还不错的应该只有×大和×院。”

直接把我说哭。这什么人啊！

看到我崩溃他还一脸茫然，怎么了？我说的是事实啊。

从那时候开始，我车见车载、花见花开的青春年华就蒙上了一层雾霾。

这个人至今仍是我生命里最大的克星。

后来我发现其实天才并没有故意伤害我的自尊心，而是对所有平庸的人类他都是一视同仁的。他还说过商学院就是一帮只会打领带递名片的“傻瓜”。在他眼里文科生都是“失败者”，不考理科是因为智商不够。可是理科生在他那里的下场也好不到哪儿去，他描述少年班的高才生“只不过是一群来了美国就穿着花衬衫饥不择食找中国女留学生的猴子”。

每次我看到那种藏不住的鄙夷就愤愤然地想，呸，你们自己到底有多厉害啊。然后我就和天才一起参加了他们班的同学聚会。他们班一共只有20个人，2个女生。在这硕果仅存的女孩子当中，有一位是加州理工的博士，生物学家。他的铁哥们儿当中，有两个是高考理科状元（不同省）。

说到当年的战绩，男孩们纷纷叹气表示了惭愧，说高三打太多游戏，没发挥好，唉唉唉。

天才告诉我，当年在他们班，他的成绩一直是倒数前三名，永远第一名的那个是潮州人，家里天天聚众打麻将，从来不做作业，高考接近满分。

然后我就不哭了。

在这些智商远远高于普通人的“怪物”看来，普通人就不应该有自尊心——你本来就很差，总不能让我为了保护你的自尊心去骗人啊，这就是他们的脑回路。他们只会用一种标准划分人的层次，那就是智商。只要对过几句话，他们就知道你有多蠢，然后就会毫不留情地把这个真相告诉你。

即使他号称很爱你。

比如，但凡我讲英语，哪怕只是一句“你好，我要一个超级至尊”，他一定会撇撇嘴说：“你的英语真的不太行。”

我气得要死，到底哪里不行！外国人都经常夸我！

他说：“那是他们虚伪。”

天生的好头脑带来的天生优越感，让天才的等级观念非常强。十年前我跟他商量去哪个学校读研，他说：“至少是哥大吧，更次的就算了。”

十年后我拿到录取通知书的时候他这样“祝贺”我：“你们这个专业，不失为一个进常春藤的捷径哦。”

他还觉得女人的逻辑思维天生就比男的差。关于这个性别歧视，过去十年我们俩吵了五百多架。

他：这个世界上有不少女人都很蠢，可以说蠢得出汁。

我：什么时候男人真正在乎女人的头脑了？

他：很在乎，普通话都说不好的，我连“兴趣”都没有。

被打击到绝望的时候我不止一次发问，既然我这么平庸，你究竟爱我什么啊。

本来以为他会说真善美什么的，结果他坦然回答，因为你长得好看。

他说，要聪明，还是要好看，当然是好看了。因为聪明的概率在丑女和美女中间是一样的，而这世界上又蠢又丑的人更多。

他的话向来刻薄，却从不虚伪。我想这就是我选择留下来继续被他“虐待”的原因。

那时的我年轻而略有姿色，人生没吃过任何大亏，忘乎所以几乎是必然的。可是通过这个把世俗规则当成垃圾的人，我隐约感到生活的真相也许确实存在着另一种版本。

我那曾经不肯努力却很脆弱的自尊心，那些永远只停留在口头想要改变世界的正义感，只有被这人极度“尖酸刻薄”的价值观激怒以后才变成了行动。那些经不起打击的梦想，浪漫的文艺青年的颓废，被守财奴的金钱观碾成粉末以后，才变成了一点一滴的汗水和无数个挑灯夜读的通宵。

现在我发自内心承认，在历史的长河中，只会夸夸其谈、口袋里没有枪的笨蛋是拯救不了世界的。

永远得不到认可当然痛苦，可却也是最珍贵的礼物。拼命向外证明自己只会无数次折戟在别人的赛道上，只有向内找回自己的坦途才能历练出一颗从容的心。平庸并没有使我丧气，永远追不上他也没有影响我走出自己的路。上天造物的确偏心，但普通人也可以拥有闪亮的时刻。

当天才在奥数班上课的时候，我暑假每天躺着吃棒棒冰；他做卷子的时候，我在看《龙珠》和《灌篮高手》；等到我开始惊天动地的高中恋爱，他却在大学里钻研微积分。没有亲近的朋友，没有那些莫名美好的悸动，也没有方程式解不出来的青春期独有的混沌，天才们成年后的孤独和愤怒，是少年时代的捷径最终要绕回来的远路。

所以谢耳朵他妈说：“幸好我另外两个孩子都蠢得像猪。”

我问他：“和我这么平凡的人在一起，你能得到什么呢？”

他说：“你让我明白，平凡才是每个人最终的归宿。”

To my fluffy kimberlite①
——熊猫的信

作为一个负能量爆表的处女座，我早在中学时期就明白了“人终有一死”这句话。人生就是你坐203路，我坐405路，也许我在始发站抢了个座，你只能站着，但归根到底是一起奔向火葬场的旅程。这样的旅程有什么意义？人为什么要活着？活着有什么用？这些问题困扰了我很长时间。甚至整个人类种群的前景都极不乐观，大气层的问题，饮用水的问题，地壳板块的问题，超级火山的问题；而且整个宇宙的恒星基本燃料——氢元素很有可能是不可再生的，终有一日，逃出太阳系的人类将绝望地目睹最后一颗恒星熄灭。所

① 棉花糖、金刚石。

有这些，都还是自然维度的，不包括人类这种毫无理性的扯淡种群各种内部自我毁灭的方式。

Didi和我很不一样。我们第一次见面，在伯克利。不同于很多校园的儒雅静谧，伯克利的街道脏兮兮，乱糟糟。满头脏辫的嬉皮士，带着狗的流浪汉，拖着麻袋的拾荒者，通宵后满脸菜色的男科学家，踩着人字拖蓬头垢面的女科学家，以及胡子拉碴不修边幅的老科学家和隐藏在人群中的诺贝尔奖获得者一起构成了这个北加州小镇的粗砺特质。

然而出现在我面前的Didi，是一个满身鲜艳色彩，满头毛茸茸短发，有着洋娃娃一样的大眼睛和圆鼓鼓大鼻头，化着精致妆容，可爱极了的小姑娘，站在加州金色的夕阳里，微笑着和我打招呼，和周遭的粗砺气息形成了强烈的反差。作为一个理工科学生，这是我对场景复述的极限了。借用村上春树的描述，出现在我面前的是一头“春天的熊”，是一头漂亮极了的“小熊”。我没和“小熊”聊爱因斯坦、尼采或者霍布斯，而是聊Lizzy和达西先生，聊席慕蓉和亦舒阿姨。

Didi和我很不一样。对她而言，第一宇宙速度、光的波粒二象性、费尔马大定理听起来和黑洞一样遥远，她算不清楚期望回报和复利，也搞不明白凯恩斯理论和弗里德曼理论中的区别，甚至表示唐朝灭亡后南北朝太乱了，导致她当年历史没考好。

曾经有很长一段时间，我对Didi的行径嗤之以鼻。我觉得就算天马上要塌下来，她极有可能仍然在买东西，浇花，看言情小说，看电视剧，然后发出小猪一般的笑声。我虽然不知道人为什么活着，但我认为人活着的意义必然是深刻的，有力量的，而不是吃了睡，睡醒了玩这种没心没肺的行径。除此之外，记者也好，作家也好，社工也好，文科生这些感性（毫无逻辑）的迷惑行为是无法真正意义上推动对宇宙的理解，对资源的运用，进而推动生产力的发展的。然而，Didi是我见过的最油盐不进的人。她和我斗争的方式就是顶着我的揶揄和咆哮，继续买东西，浇花，看书，看电视剧，然后发出小猪一般的笑声；从中山大学，伯克利到波士顿再到哥伦比亚大学，从深圳到波士顿到纽约，从社工到记者再回到社工和作家，从少女到太太到妈妈，她一边顶着我的火力，一边坚持做她想做的事情。

我们之间的斗争，是漫长的，是反复的，是充满力量的。要说清楚当中的来龙去脉和心路历程大概需要认真地写一篇博士论文长度的文章。但简而言之，我在这场持久战中输得一败涂地。虽然一开始我觉得在科学和真理恢宏的苍穹下，这种粗浅的开心是浅薄和不持久的；但慢慢地，我发现Didi的世界毫发无损，反而是我自己世界的屋顶，出现了一个个小窟窿，从外面透进来的，是一点点的光，还有小猪一般的笑声。那种无脑的开心，简单的追求，无与伦比的坚持，像毒药一样侵蚀着我，最终逐步同化了我。

整个过程于我而言无异于某种开天辟地，它意味着面对过去看不见（或者不想面对）的自己，以及审视当中缺失的部分。把自己逐个零件慢慢拆卸开，扔掉一些，增加一些，再重新组装在一起。我在当中看到了很多过去不曾看见的道理：善良比聪明宝贵，美丽比实用宝贵，开心比博学宝贵，纯粹的热情比社会性的功利宝贵，好奇比经验宝贵，一往无前比深思熟虑宝贵，过好眼前的每一天比操心不可知的未来宝贵。我再也没有怀疑过人生旅程的意义。人生就是每个人走着各自道路奔向火葬场的旅程，终点都是一样的，但，风景都在路上。和谁一起，走过一段怎样的旅程，才是人生全部的意义。这些，都是Didi教会我的事情。我常自诩聪明，但这些道理，她比我明白得更早。有的人花几十年才弄明白的事情，有的人早早就明白了。所以说，人和人，不能比。对于Didi，我是服气的。

“没出息”的文科生

——2019年TED×Youth演讲摘录

“我是一名公益人，我的本科和研究生专业都是社会工作。”每次我和陌生人聊天，说到上面这句话时双方常常会变得很尴尬。对方总是一脸茫然，他们的回答完全取决于个人教养。如果站在我面前的是一个和善有礼貌的人，他大概会微笑着问：“哦？请问社会工作是什么？”可如果我遇到的是一个傲慢并且口无遮拦的人，我得到的可能只是一个白眼以及“从来没听说过”这样的回答。你也许对我的专业也是满腹狐疑，但我不打算在这里咬文嚼字地解释社会工作的详细学术定义来凑字数。简而言之，中国目前有1000多万人在社会服务机构工作，30多万持证社工。这不是一个罕见的职业，至少比小鸡性别甄别师或神学家要主流一些。但人们仍然不知道我们是谁，我们做些什么。这是一个透明的边缘行业。

那么，社工到底是干吗的？有一个不那么学术的定义——帮助人们并获得报酬。

社工帮助各种各样的人，老年人、妇女、儿童、失业者、低收入者、残疾人等弱势群体。听起来很不错吧，当了好人还可以挣钱。

能挣多少钱呢？比较一下美国及中国深圳、香港的社会工作者的平均工资，社工的收入经常低于地区平均水平，唯有香港略高于中位数。在深圳，一名社工平均每月挣5000元。

我在纽约念书的时候结识了很多新朋友，每次自我介绍的时候如果我说“嗨！我是哥伦比亚大学的学生”。人们马上对我刮目相看：“哇，你一定很聪明！”但如果我说自己是“社工学院的研究生”，纽约客的态度立即急转直下，挑挑眉毛敷衍答道：“哦，那你一定很善良啰。”人们这么说是因为我靠这份工作永远也买不到一幢纽约城郊的独立屋，也就是说连中产阶级都算不上。

这是令所有文科生沮丧的世界：我们所仰望的知识——文史哲、艺术、新闻、社会学，曾那般照亮过文明的长夜，当世竟无法为学生谋得一份北京五环内体面的生计。十多年前我大学毕业进电视台当编导的时候，月工资3500元，对985院校的毕业生来说已经算是少得可耻，没想到如今房价涨了十倍，深圳的新闻采编中心这种优质绩效部门的应届生居然还在拿4000元的税后工资。学生们为自己的专业深感羞愧：纵使我喜爱社会学的一切，全部议题均令我着迷，可是脱离父母不知如何负担午餐与房租，要拿什么改变世界？？

这是科技引领的时代，国家重提“学好数理化，走遍天下都不怕”，如高晓松这样的大才子也要折腰阿里，陈丹青翻红则多亏了视频网站。挣不到钱的才华，已经略等于自欺欺人。我的同学中没几个是第一志愿进的社会学，而打开哥大中国校友会的名单，泰半从事金融投资业。

寒窗苦读，天价学费，普通人要收回投资，名校生更需加倍收益。

至于那少数的、仍然选择留在这些“赤贫职业”的人，比如帮助艾滋病患者找工作的社工，报道特殊儿童无法获得公平学习机会的记者，在临近逼迁的河北郊县创作摇滚的乐队，我们无一例外听到过类似的善意劝告：

帮得了一个，外面还有千千万万，你帮得完吗？

我们如此冥顽不灵，是因为善良？还是因为助人为乐？

都不是。说实话，我最爱的是我自己，我不想贫穷或受苦。我想和家人一起舒适地生活，照顾好我的孩子，和朋友一起度假，吃顿丰盛的晚餐，而且我特别喜欢买东西。

社会工作这份职业真正不同寻常的一面，是它如同神奇女侠手中的lasso of truth，使人无法藏有半点虚伪。“真实”不仅包括诚实，它更意味着不隐藏自己的缺点和欲望。社会工作的核心价值和医生一样，是人道主义，但有的时候我们的工作比医生更难，因为我们必须获得对方的信任——包括吸毒者和罪犯。医生不一定非得知道病人为什么要自杀，但社工需要。许多人类的问题不能简单通过手术治愈，治愈一颗破碎的心需要的是真实（authenticity）和同理心（empathy）。想要成为一名出色的社工，你必须是一个值得信赖的人。

今天这场演讲的主题是“突破玻璃天花板”。你来到这里可能也想听听我是如何打破常规并获得了成功。但是作为一名社工，此刻我也想对大家完全真实。我想告诉你，我从来没有玻璃天花板。我不曾因为我的年龄、性别或肤色而被学校或工作拒之门外；我为我自己选择学术方向、事业、婚姻和友谊。我儿子说，“不管在办公室还是家里，妈妈都是老板”。

今天在座的各位恐怕也是这样，你有激情，也有野心。你可能想扬名世界，或者是成为有钱人，你非常清楚如何达到目的：努力念书，必要的时候也要耍些小聪明。我曾经认为世界上的每一个人都和我们一样，想走得更远，爬得更高，变得更强，并最终成为一名为世人所羡慕的利己主义者。所以当我第一次见到我的服务对象时，我很同情他们。他们自己不够努力，这才是最大的问题，我认为。我曾经是“美国梦”的忠实拥趸，我拼命说服他们，不要高中辍学，要申请奖学金，不要再吃薯条，特别是不要怀孕。

直到有一天一位同事问我：“Didi，你是否曾经为了生存而担忧？”

我说我没有。

他说，“我有。我以前的体重有300磅，因为哈林区的炸鸡是最便宜的。我知道我应该去健身房，多吃些沙拉什么的，但我买不起。你的服务对象也一样。他当然知道上大学很好，但他现在需要一份工作和一笔钱。这已经是他在自己所处的环境下能做出的最好的选择”。

从那一刻起，我意识到我个人的成功对这个世界毫无用处。一些人比另一些人生活得更加体面和富有，只是老天发到每个人手里的牌不一样而已。上学是一种特权，做梦是一种特权，即使所谓玻璃天花板也是一种特权——至少你想往上看——是社工给予我的教育，让我开始意识到这些不公平。

作为一名“没出息”的文科生，我的“出身”时常遭受善意欠奉的揶揄，职业亦属小众。我必须承认，文科的许

多知识比较“虚”，解决不了柴米油盐的问题，大部分文科生缺乏逻辑，而数学差是我们的普遍毛病。但我不曾后悔十多年前填下专业志愿的那个瞬间，那是点亮灵魂星火的时代，是摆脱蒙昧的年华，是人文科学教育我们什么是真正的人性——在拯救生命以外，理解没有人天生就是失败者，没有人应该被社会所丢弃。随着我们对这个世界了解得越来越多，我们就会明白，带我们走得更远、更高、更强的，不是我们的智商，不是口袋里有多少钱，而是每个人心中的人性。

把眼前的苟且，活成诗和远方

——2018年行动派演讲摘录

大家晚上好，很开心跟大家碰面，可以这样轻松地聊聊天，让我觉得一周中最丧的星期三也变得惬意了。首先自我介绍一下，我是Didi，一个职业妇女，嗯，在我这里职业妇女的意思呢，就是把妇女当职业。虽然我有一份全职工作，但打扮自己、捣鼓屋子和养两个娃也是我的重要工作内容。

三十岁那年，我决定带着自己的两个孩子，还有我妈，作为后勤部长，一起前往纽约读研究生。那一年我儿子六岁，女儿四岁。在这段与众不同的留学中，我既是一个学生，也是一位母亲，同时还是一个曾经的新闻媒体人和创业者，用这些互相交织而彼此独立的视角写了一本书，记录两年纽约生活的所见所得和所思所想。

有一次采访我跟记者聊起，我十四岁那年与文学网站“榕树下”签约，她说我暴露了年纪。从那时候算起的话，我已经写了二十年的字了。我当过新闻记者，也写过不少专栏，但出书却是第一次。我并没想过自己的文字会受到这么多读者的关注，更没有想到会有一些读者把我近十年来的文章全部打印出来放在床头经常翻阅。读者作为我的知音是我决定正儿八经写书的原因。

今天这个演讲的主题是“把眼前的苟且，活成诗和远方”。

看过高晓松节目的朋友应该对这句话都不陌生吧，他给许巍写过一首歌，里面有句歌词是“生活不止眼前的苟且，还有诗和远方的田野”。可我今天要说的是，相比那如诗一般的远方，我倒更爱眼前的苟且。

我大学毕业后第一份工作是凤凰卫视的编导，给大家看一张我当时的工作照吧，中间这位是《小莉看世界》栏目的主持人吴小莉。我刚二十一岁，就负责这样一档收视率很高的时政节目。其实我读大四的时候就已经在这个栏目组了，一开始只是个实习生，有一天电话响了，我接起来，对方很热情：“你好，我是某某宣传部，请问您贵姓？”

“啊啊，我姓曹。”

“哦曹老师你好你好！我是某某，有这么个事想麻烦您……”

后来我照着名字在网上查了一下，是某中部大省宣传部的处长。快五十的人，把我一个实习生叫作“老师”。

那个时候传统媒体如日中天，那几年我出差去的最多的地方是北京的钓鱼台和各个部委，见到的都是正部长本人，我可以随时打电话给马英九的首席助理，不管我提的问题有多弱智，对方也会和和气气地答上三十分钟。

这就是十多年前新闻记者这个身份赋予我的权力，我可以去各种名流云集的场合，到处都是笑脸相迎。可以说，我在很年轻的时候就走进了很多人眼里的“诗和远方”，可是我很快就意识到这些都没什么了不起。人家对我客气，不是因为我曹頔多么优秀，有什么值得尊重的成就，人家尊重的其实是我背后的平台。

认识自己的第一步，就是有自知之明。你要能够分得清生活里哪些是真的，哪些是假的。应该说二十出头的我还是比较理智的，不管外面多么热闹喧哗，我只管坐在办公室查资料、写稿子，这才有了后来的我，脱离了大平台以后仍然有自己的专栏，做自媒体，写书，而不是跟着传统媒体一起没落。

年轻人容易焦虑，我什么时候能得到机会，什么时候能遇到贵人，什么时候能让周围的人对我刮目相看。我想说的是：

成为别人眼中的人生赢家，让其他人对你羡慕嫉妒恨，这个不应该成为你的人生目标。

我在哥伦比亚大学读书的时候，曾在纽约的联合国总部实习，有一次美国驻联合国大使鲍威尔来到我们办公室，她以前是一位有名的战地记者，曾经获得过普利策奖。

她来的时候我正蹲在角落里收拾资料，有一位其他部门的联合国官员指着我问他旁边的人，这是谁，让她站到后面去！我笑了一笑，默默退到一边。

到了第二天，我换上正装去开会，又碰到这个领导。我发完言以后，这位老兄小步跑过来与我握手，递上名片。

我跟他说："不好意思，我是学生，没有名片。"

他说："啊，没关系，留着我的，随时联系。"

你的自信，不需要名片上那一大堆头衔来装点。你的价值，既不会被无谓的人冒犯，也不需要无谓的人奉承。去哥大读书的时候我已经三十岁了，国内和我同龄的朋友们正是一生中最意气风发的时候，有的是公司上市，有的是500强高层，每天坐在北京金融街的大落地窗办公室里喝着秘书泡好的咖啡。而我当了整整两年的实习生，天天整理仓库，背着十几斤的物料在又脏又冷的纽约街头东奔西跑。

这是我自己的选择。

坦白讲我去美国读书不为那张文凭。我是要去一个没人认识我，没人会正眼瞧我一眼的地方，让生命回归到家人、自己、学习、反省这样最简单的状态。新浪曾经派了摄影记者来纽约拍我在联合国实习的经历，记者跟着我每天赶早高峰的地铁，拍我坐在格子间里工作，拍我下了班去超市买菜。我觉得这样的生活一点都不卑微，一点都不苟且。现在我回到国内，每天还是这样生活。

电影《无问西东》里清华校长梅贻琦说过——

“什么是真实？你做什么，和谁在一起，你看到什么，听到什么，有一种从心灵深处满溢出来的不懊悔也不羞耻的平和与喜悦。”

真实面对自己，才是最美的诗和远方。而且它不会像某些网红旅游景点一样，到了那才发现：真是个坑爹的远方。

我把自己这些最真实的、没有加任何滤镜的生活写成一篇篇的散文，大家知道我还有两个孩子，所以这些年我的文章完全是利用业余时间见缝插针地写出来的。我写作的地方是我女儿芭蕾舞教室外面的板凳，高铁座椅后的小桌板，候机厅里的麦当劳，还有便利店里吃鱼蛋的台子。

出书以后开始有人夸我是人生赢家，事业家庭两不误。可事实上在第一本书出来之前一直有人不停地问我为什么。

为什么写这么多年博客而不去当KOL接广告赚钱？为什么要去做个小家电公司不去做互联网，一点都不性感。为什么结了婚生了两个娃还要去读书，有必要把自己搞这么累吗？

我想说，人生哪来那么多为什么啊。青春不过只有这些日子，没时间得到所有人的理解。

写作带给我的最大价值是把我和一些有着相似价值观的同频的人联结在一起，比如今晚正在听我说话的大家。我们都不是野心勃勃的那种，我对赚钱的兴趣非常一般，我的公司也像我一样走得很慢，两年才熬出一个产品。我本来就是个特别普通的人，不像大家想的那样是什么大学霸，长这么大我从来没拿过第一名，连幼儿园画画比赛我也只能拿安慰奖。我们努力的动机不是要发财，或者出名做网红，我怀孕八个多月还站在街上做采访，一边喂奶一边背托福机经，也不是因为我渴望出人头地。

有时候人活着的动力就是我想好好活着。就是因为一颗强烈的自尊心，不愿意敷衍自己过一辈子。

其实就在不久之前我才第一次开始思考自己的梦想到底是什么。在折腾了三十多年以后，我想来想去，发现自己的梦想跟事业啊家庭啊都没多大的关系，我就想继续做个普通人。由于职业因素，我近距离接触过好多这个世界上最成功的人，国家元首啊，顶尖的富豪和企业家啊，我都打过交道，有些还成了亲近的朋友。我看到过他们剥掉滤镜的那一面，所以我非常确信，让别人羡慕我、取悦我、仰望我，这些都不是活着的价值。

不知大家是否同意，我相信每个人来这世界都有自己的使命。让自己幸福是每个人的使命，照顾好家人是许多人一辈子最重要的责任，而我迈入中年以后才渐渐找到自己的使命，那就是让这个世界上和我一样普通却没有我这么幸运的人，也能得到成就的机会。所以我开始了一段全新的职业生涯——公益。

走进公益这个行业我才发现它并不是自己想的那样，用情怀就能做好，服务弱势群体带给我的是沉重的责任和反省。我看到每个人，包括今天在场的大家，都在拼尽全力地生活，没有人是懒，是蠢，就连那些看病插队的、不戴耳机看电视剧的人，也没几个会故意把生活越过越糟。可偏偏有时候现实就是事与愿违。有的人生活得不好，考不上大学，找不到工作，并不是因为自己不努力。

在公益的世界里我常常目睹各种不公，让人无力，让人压抑，甚至让人崩溃，只有一样东西对所有人都绝对公平，那就是时间。太空站里的宇航员，即便看到的日出和我们不同，他的24小时也只有1440分钟。市值最大的公司不会比路边的馄饨店获得更多加班时间，人的寿命更不会因为财富和才华延长。

所以不要因为岁月蹉跎而感到害怕，不要因为慌张和迷惘而焦虑。有人说，慌张就是青春的模样，你不慌张了，青春也就没了。所以我反而希望自己慌张得再久一点。

你要更有信念，这个世界上，真正重要的东西从来不会转瞬即逝。它也许会迟到，但只要你一直寻找，总有一天你会找到它的。

无论早晚，总会抵达。

无论身在何处，什么年纪，什么身份，什么性格，希望你的每一刻都没有遗憾。

尾声

时间会回答成长，成长会回答梦想，梦想会回答生活，生活回答你我的模样。

——毛不易《入海》

时间野兽

走进放映厅的时候我已经迟到了，却一点也不着急，因为是这部片子啊，每个片段我都记得。

野兽和贝尔一起在积雪的花园散步时，贝尔轻轻拨开掉落额前的一缕头发，露出了杏仁般的大眼睛；加斯顿踩烂贝尔的菜园子，把她的书丢在泥里。还有那花团锦簇、让二十六年前的我目瞪口呆的 *Be our guest* 名场面。是的，全部记忆犹新。

更不会忘记茶壶太太一边唱着 *Beauty and the Beast*，一边温柔地亲吻小茶杯的那一刻。舞池上空繁星漫天，幸福得连穹顶的天使都要探头张望。

变回真身的金发王子捧着贝尔的脸给予的那个深情的吻，是我生平第一次看人接吻。如此澎湃而热烈的一个吻啊，男性宽厚的肩膀高高耸起，我偷偷看了好多遍。

从1991年到1999年，迪士尼的每一部音乐动画长片，至今影响着我的人生。印第安女孩与白人军官的风中奇缘，让人敬畏的生生不息，还有小混混阿拉丁的魔毯，一次一次为我打开“The whole new world”。猩猩大闹营地的那场锅碗瓢盆音乐会，让我第一次知道Phil Collins和摇滚乐，而Alan Menken谱出的《美女与野兽》和《钟楼怪人》，在孩子们甜蜜的糖果里，偷偷藏下了长大的苦涩。

梦工厂借史莱克嘲讽迪士尼只懂玛丽苏的那个年代，也是我散漫叛逆的时候。在打七个耳洞猛飙脏话的小太妹眼里，叶绿素摄入过量的胖公主菲奥娜要比穿水晶鞋的辛德瑞拉酷得多。但就是那样的我，第一次来到纽约就走进Lunt-Fontanne剧院买了一张戏票，去看《美女与野兽》。那时候的我连台词都听不太懂，依然幸福得如同天使吻过心灵。

过去的这些年里，成龙和陈淑桦合唱的《不死的真爱》，不时会在某个晴朗的下午，陪我走过一条又一条无人的街道。因为贝尔想走的路，也是这样一条又一条，只有自己的街道。

进影院之前我问女儿：“跟我一起去可好，这是妈妈的至爱，许多女孩子都喜欢的。”

她撇撇嘴：“不，我喜欢《星球大战》。”

看来她也要走自己的路呢。

一个人坐在影院里，我终于看见动画片里的女孩走进了现实。她成了喜欢念书的屈臣氏小姐，当上了UN Women的代言人。而她爱上的那个嫌弃罗密欧与朱丽叶的野兽Dan Stevens，真正演过莎翁名剧。

可是给予野兽灵魂的Howard Ashman已经不在了。他于1991年因艾滋病去世，就在动画上映之前。

主唱仍然是Celine Dion，她的丈夫在2016年离世。

依然健在的Alan Menken为这部真人电影新谱了一首曲，名为 *Days in the Sun*（《阳光下的日子》）。

长大了的贝尔这样唱：

I was innocent and certain,
Now I'm wiser but unsure.
I can't go back into my childhood,
…
I can feel a change in me.
I'm stronger now, but still not free.
Days in the sun will return,
We must believe as lovers do,
That days in the sun.
Will come shining through.

我曾经天真而笃定，如今我更有智慧却充满疑惑。

我无法再回到童年，我也感觉到自己的改变。

更加强大，却仍不自由。

但我们必须相信，那些阳光灿烂的日子，终有一天将回到身边。

注：本书涉及的人名部分为化名，如有雷同，纯属巧合。

图书在版编目（CIP）数据

妈妈要回去做少女了 / 曹頔著. —广州：广东经济出版社，2021.3（2025.7重印）

ISBN 978-7-5454-7235-6

Ⅰ. ①妈… Ⅱ. ①曹… Ⅲ. ①女性心理学－通俗读物 Ⅳ. ①B844.5-49

中国版本图书馆CIP数据核字（2020）第084143号

责任编辑：刘　倩
责任校对：陈运苗
责任技编：陆俊帆
封面插画：@王洋芋
装帧设计：潘西子
内页设计：友间文化

妈妈要回去做少女了
Mama Yao Huiqu Zuo Shaonü Le
曹頔　著

出 版 人：刘卫平
出版发行：广东经济出版社（广州市水荫路 11 号 11 ～ 12 楼）
印　　刷：广东信源文化科技有限公司
（广州市番禺区大龙街竹山工业路57号A、C、F）

开　　本：880 毫米 ×1230 毫米　1/32　印　　张：6
版　　次：2021 年 3 月第 1 版　印　　次：2025 年 7 月第 2 次
书　　号：ISBN 978-7-5454-7235-6　字　　数：105 千字
定　　价：59.00 元

发行电话：（020）87393830　编辑邮箱：gdjjcbstg@163.com
如发现印装质量问题，请与本社联系，本社负责调换。